"十四五"时期国家重点出版物出版专项规划项目

主编：傅诚德 | 副主编：高瑞祺 章卫兵

走进石油（第二版）
Touch the Petroleum

未来能源之星
——新能源

邹才能　熊　波
葛稚新　王善宇　等编著

石油工业出版社

图书在版编目（CIP）数据

未来能源之星：新能源 / 邹才能等编著 .—北京：石油工业出版社，2023.12

（走进石油：第二版）

ISBN 978-7-5183-6376-6

Ⅰ.①未… Ⅱ.①邹… Ⅲ.①新能源 Ⅳ.①TK01

中国图家版本馆 CIP 数据核字（2023）第 190859 号

出版发行：石油工业出版社
　　　　　（北京安定门外安华里 2 区 1 号　100011）
　　　　　网　　址：www.petropub.com
　　　　　编辑部：（010）64251539　　图书营销中心：（010）64523633
经　　销：全国新华书店
印　　刷：北京中石油彩色印刷有限责任公司

2023 年 12 月第 1 版　2023 年 12 月第 1 次印刷
710×1000 毫米　开本：1/16　印张：15.25
字数：188 千字

定价：70.00 元
（如出现印装质量问题，我社图书营销中心负责调换）

版权所有，翻印必究

《走进石油》(第二版)

丛书编委会

主　任：匡立春

副主任：傅诚德　江同文　雷　平

委　员：李　宁　苏义脑　胡文瑞　黄维和　徐春明　邹才能
　　　　高瑞祺　王大锐　吴　奇　胡　杰　何盛宝　马宝金
　　　　闫伦江　王　震　曾　萍　李俊军　张　镇　王雪松
　　　　章卫兵

丛书编写组

主　编：傅诚德

副主编：高瑞祺　章卫兵

成　员：(按姓氏笔画排序)
　　　　马新福　王长会　方　可　丛者峰　吕焕通　刘明明
　　　　闫建文　李　中　李　欣　张贺恩　陈朋超　武宏亮
　　　　周英操　庞奇伟　孟祥海　胡才仲　娄舒洁　崔玉波
　　　　葛稚新　谢水祥　潘玉全

本书编写组

组　长：邹才能

副组长：熊　波　葛稚新　王善宇

成　员：（按姓氏笔画排序）

马新福　王　影　王社教　王晓琦　勾天梦　文守亮
方朝合　邓　攀　东　振　付宏浩　刘　颖　刘人和
刘卫红　刘欣欣　刘晓丹　孙　雪　孙　雯　李建明
李彦霏　杨　瑞　肖红平　吴淑娟　沈雅婷　张　茜
张辰君　张连娣　张梦媛　陈　浩　陈　琳　陈姗姗
陈艳鹏　苗　盛　金　旭　郑元超　郑德温　赵永明
贾亚娣　徐艳梅　曹　倩　彭　涌　董　雷　蒋璐阳
焦　航　谢小芳　鲍文苹　薛华庆　薛俊杰

序（第二版）

石油和天然气作为世界主要能源和优质化工原料，是当今社会经济发展中最重要的生产力要素之一。目前，世界能源消费结构份额中，石油占比最大，石油与天然气占比合计超过一半。一个国家对石油和天然气的拥有量和占有量已成为其综合国力的重要标志。半个世纪前，美国前国务卿基辛格博士曾说，谁控制了石油，谁就控制了所有国家。石油的供需状况不仅在相当大的程度上直接影响一个国家的经济稳定和战略安全，而且往往成为影响一个地区乃至全球政治经济秩序的重要因素。

当前，以可再生能源+能源互联网为核心的第三次工业革命正在快速推进，大力发展可再生能源已成为全球能源革命和应对全球气候变化的普遍共识。在国家"碳达峰、碳中和"目标背景下，石油工业面临能源结构调整的巨大压力，也迎来了推进绿色低碳转型和能源科技创新的时代机遇。据多家权威机构预测，石油和天然气仍然是人类近50~100年的主导能源，世界各国继续把发展石油和天然气，保持和增加对其拥有量和占有量作为重大战略问题。科学技术越发成为保障国家能源安全，提升石油行业竞争力的重要手段。

科技创新、科学普及是实现创新发展的两翼。许多伟大的科学家和创新者都是通过科学普及这扇大门进入神秘的科学世界。为了让国内外更多读者了解石油、走进石油，2006年由中国石油学会科普教育委员会和石油工业出版社共同组织出版了《走进石油》科普丛书。丛书由傅诚德教授主编，侯祥麟、田在艺两位院士作序，出版后受到我国石油科技界和社会大众的广泛支持和欢迎。

近年来，世界石油科技突飞猛进，新能源产业也在蓬勃发展，新理论、新方法、新工艺层出不穷，大数据、云计算、人工智能等新技术与石油工业的融合日趋紧密，因此亟待向业内和社会大众推广和普及。《走进石油》（第二版）在第一版10个分册的基础上扩充到15个分册，条目由600多条增加到1200多条，涵盖了石油石化行业完整的知识链，内容新颖，图文并茂，是一套兼具科学性、通俗性和趣味性的科普丛书。读者看到的不仅仅是一个又一个知识闪光点，还将回眸石油科技创新和发展的非凡历程，感受科技工作者创新创造的科学家精神，触摸石油工业无比璀璨的未来。

在此，谨对《走进石油》（第二版）的出版表示热烈祝贺。我相信，随着这套丛书的出版发行，一定会有更多的读者以此为阶梯，迈向石油科学技术的高峰。

时任中国科协党组书记、分管日常工作副主席、书记处第一书记
现任国务院国有资产监督管理委员会党委书记、主任
中国工程院院士

编者的话

石油，顾名思义，就是石头里产出来的油。和煤、铁、铜、金等矿藏一样，石油也是一种产于地壳中的宝贵矿藏，但它以一种流体形态赋存于地下。世界上第一个提出"石油"这一科学命名的人是中国北宋科学家、曾任陕西延安府太守的沈括（1031—1095）。在他所著的《梦溪笔谈》中记载："鄜、延（即鄜、延二州，今陕西延安一带）境内有石油，旧说'高奴县出脂水'，即此也。"他还曾预言"此物后必大行于世，自余始为之"。而在国外，直至1556年才由德国人乔治·拜耳提出石油（Petroleum）一词，Petro指岩石，Oleum指油脂，二者合在一起即石油。中国沈括命名石油比西方国家早了约500年。

无论是作为燃料，还是以它为原料制成的各种产品，石油已经渗透到人类社会的各个领域。汽车、飞机和轮船使用的汽油、航空煤油、柴油等动力燃料由石油炼制而来，人们日常生活中离不开的塑料、橡胶制品和绚丽多彩的服装鞋帽等，都与石油息息相关。因此，石油有了"工业的血液""黑色的金子"等美誉。石油如此珍贵，不仅在改变着人们的生活，也让世界上有些国家为争夺石油资源而上演一场场惊心动魄的地缘争斗。据统计，20世纪后半叶发生的地区冲突大多与石油有关。

石油工业的发展和石油科学技术的进步，不仅对国家能源安全、国民经济建设和国防现代化具有重要意义，而且与全面建设小康社会以及人们的衣、食、住、行紧密相关。为了让广大读者一探石油工业的究竟,更深入地理解石油与我们生活的关系,促进石油科技知识的传播,中国石油学会科普教育委员会和石油工业出版社于2006年共同组织出版了石油科普系列丛书《走进石油》(第一版),丛书由傅诚德教授主编,石油行业内100多位知名专家参与编写,包括《石油地质》《石油地球物理勘探》《石油地球物理测井》《石油钻井》《石油开发》《石油开采》《石油储存与运输》《石油炼制与化工》《石油经济》《石油环境保护》10个分册。中国科学院与中国工程院两院院士、中国石油学会名誉理事长、原石油工业部副部长侯祥麟先生和中国科学院院士、中国石油学会第一届科普教育委员会主任田在艺先生多次指导并为丛书作序。《走进石油》(第一版)自2006年出版以来,受到社会各界读者的广泛好评,2009年作为主要书目入选由中宣部、中央文明办、新闻出版总署主办的"全民阅读"优秀项目——中国石油"千万图书送基层,百万员工品书香"活动。丛书重印5次,累计发行7.6万余套,合计76万余册,多年来一直是中国石油远程培训的重要教材之一。

《走进石油》(第一版)出版至今已有将近20年时间。近20年来,石油科技迅速发展,计算机、互联网、物联网技术在石油工业得到全面应用,石油勘探、石油开发、炼油化工等专业技术与大数据、人工智能、数字孪生等数字技术深度融合,碳纤维等高分子材料、复合材料更深入地向多领域延伸,氢能、太阳能、核能等新能源技术和"双碳三新"目标的提出正在加速推动石油工业的转型,石油科技正在全面突飞猛进,石油行业的新理论、新技术和新方法层出不穷,因此《走进石油》(第一版)已经难以满足当前石油科技知识普及的需求。为此,2020年傅诚德教授和高瑞祺教授提议对《走进石油》(第一版)进行修订,得到了中国石油科技管理部和石油工业出版社的大力支持和积极响应。

侯祥麟院士在《走进石油》(第一版)序中强调"科学的发展和技术的创新,只有被公众掌握,才能变成巨大的生产力,才能加快科技成果向现实生产力的转化"。为了更好达此目标,使《走进石油》(第二版)内容质量和展现形式更上一层楼,丛书编委会从一开始顶层设计就集思广益,聚贤汇智,由苏义脑、胡文瑞、黄维和、邹才能、徐春明、李宁六位院士和行业权威专家分别担任15个分册的主编，150多位技术专家参与编写，20余家石油石化企业、科研院所、行业学会（协会）鼎力支持。

《走进石油》（第二版）是一套理念先进、体系完整、知识丰富的科普巨制；以1200多个知识点，构成了系统完整的石油石化知识链，并依托丰富的表现形式，为读者拓宽了"走进石油"的路径。一是对知识体系进行合理扩展：将第一版的《石油炼制与化工》分册扩展为《石油炼制》和《石油化工》两个分册，增加《天然气》《海洋石油》《新能源》《智慧石油》4个分册，全景再现了石油工业全产业链的知识景观；二是对技术亮点进行有序重构：准确把脉石油行业主体学科专业新理论、新技术、新工艺、新成果以及发展趋势，突出读者关注度较高、应用效果显著的知识点，让每一分册都能够形成主次分明、重点突出的亮点结构；三是对新兴科技进行科学展望，呈现其广阔的发展前景。

为了使《走进石油》（第二版）在第一版的基础上增强文章的科普性、趣味性，丛书编委会对编写组织和图书表现手法等进行了独特的探索。在第二版中，由技术专家与科普作家深度参与协同创作，实现了内容科学性、通俗性、趣味性的统一；首次使用富媒体技术，实现了视觉空间展现与平面阅读方式的融合；首次面向全社会征集"油博士"卡通形象，让"油博士"引领读者走进石油，实现了各分册知识板块的有机结合；首次采用系列自创插图，使读者通过插图扫除文字理解障碍，引领阅读进入"读图时代"。

《走进石油》（第二版）的出版，不仅是向社会推出的一套传播石油知识的图书，更是一项提高全民科学素质的文化工程，其意义将随着时间的推移愈显重要。特别指出的是，为了这项文化工程的如期完工，编写队伍付出了巨大的努力。在三年多的创作时间里，适逢百年不遇的新冠肺炎疫情肆虐，编写组成员克服各种困难完成了撰写任务。

在本套丛书的编写出版中，中国石油科技管理部领导给予了重要指导和支持，中国科协、中国石油学会、中国化工学会、中国石油科协、中国石油大学（北京）、中国石油大学（华东）、长江大学、西南石油大学、东北石油大学、西安石油大学、中国石油勘探开发研究院、中国石油深圳新能源研究院、中国石油石油化工研究院、中国石油工程技术研究院、中国石油安全环保技术研究院、中国石油东方地球物理勘探有限责任公司、中国石油海洋工程有限公司、中国石油数字和信息化管理部、中国海油能源经济研究院、国家管网集团科学技术研究总院、昆仑数智科技有限责任公司等企业单位、科研院所、学会（协会）和高等院校提供了大力支持，在此表示由衷感谢！石油工业出版社对本套丛书的编写出版非常重视，专门配备了最强编辑力量配合作者和丛书编写组完成稿件编写和审核，向石油工业出版社提供的支持表示感谢！最后，向在本套丛书策划、编写、审稿和出版过程中提供创意、建议和意见的专家表示感谢，也向每一位不计得失、笔耕不辍的作者表示诚挚的谢意！

社会希望了解石油，石油工业的发展需要社会的支持。希望我们精心组织编写的石油科普系列丛书——《走进石油》（第二版）能为广大读者了解石油工业提供帮助，更能为我国石油工业的发展贡献一份力量！

分册前言

亲爱的读者,当您看到这里,首先请接受本书作者诚挚的欢迎。也许您是带着好奇翻开了这本书,怎么《走进石油》还有新能源,会不会是走错了?请您放心,肯定没有走错,这本书就是介绍石油人视角的新能源。

进入21世纪以来,全球应对气候问题开始从概念转向行动,能源领域出现了越来越多的新技术、新方法,以煤炭和石油为主体的传统能源,开始逐渐被新型能源替代。那么什么是新能源?新能源包括哪些种类?太阳能、风能有哪些新技术?地热是从哪里来的?"托卡马克先生"是谁?海洋里的能源是怎么回事?未来石油公司如何发展?新能源对建设和谐的人类家园有什么帮助?这些是大家非常好奇的问题,相信也是您想要了解的问题,希望本书对这些问题的浅显解答能够让您满意。

本书由中国科学院邹才能院士主持编写。熊波、郑德温、薛华庆、葛稚新为本书提纲编写作了重要贡献,邹才能、熊波、葛稚新、王善宇、张茜、蒋璐阳负责全书统稿。王影、方朝合、李建明、王晓琦、薛华庆、刘卫红为各篇素材搜集做了大量组织工作。郑德温、薛华庆、王影、方朝合、李建明、王晓琦、刘卫红、曹倩、沈雅婷、徐艳梅、郑元超、赵永明、焦航、刘晓丹、杨瑞、张辰君、彭涌、陈琳、肖红平、苗盛、勾天梦、刘人和、金旭、王社教、刘颖、文守亮、董雷、谢小芳、张连娣、孙雪、孙雯、鲍文苹、刘欣欣、陈艳鹏、东振、陈姗姗、薛俊杰、张梦媛、陈浩、贾亚娣、李彦霏、邓攀、付宏浩、吴淑娟、马新福等为本书提供了大量素材，部分图片选自摄图网。在以上素材基础上，熊波、葛稚新、王善宇、张茜、蒋璐阳完成了全书各条目的编写和统稿工作，邹才能院士为全书最后定稿。

在经济全球化快速发展的今天，新能源因其在保障能源安全和促进经济社会可持续发展中的重要作用，而受到各国的高度重视。新能源正在蓬勃发展，能源格局正在重构，科技创新正在引领石油企业进入新产业、新领域、新阶段，能源业界正在着眼于"后石油时代"的到来而未雨绸缪。

昔日我为祖国献石油，如今我为绿色赋新能。新一代石油人追求绿色创新，奉献绿色能源，建设绿色家园，共享绿色生活，谋划新能源与化石能源的融合发展，引领支撑能源强国建设。我们祝愿新能源，推动人类社会进入更加美好的未来，让我们一起新能源，绿色向未来，将地球建设成绿色和谐的人类家园。

限于作者的知识水平，书中不足之处在所难免，敬请读者批评指正。

目录 Contents

一 追逐潮流的新能源 / 001

支撑整个人类社会运行的能源经历了数次换代，从薪柴到煤炭，再到油气，每个时代都有追逐潮流的新型能源推动历史的车轮滚滚前行，汇聚成社会发展的洪流。

1.1 能源的前世今生 /002
1.2 油气的历史使命 /006
1.3 人类对能源的新要求 /008
1.4 能源家庭新成员 /011
1.5 新能源的快速崛起 /014

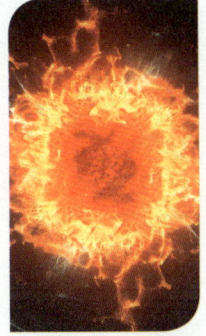

二 无尽的能源之源——太阳能 / 019

太阳的能量造就了地球上千姿百态的生命，久远年代繁盛的植物和庞大的动物，为地球积累了大量的化石能源，撑起了人类社会数百年工业文明的消耗。

2.1 太阳能量的来源 /020
2.2 阳光普照只是个梦想 /022
2.3 太阳能与叶子工厂 /024
2.4 "绿叶"也能发电吗？ /027
2.5 魔法般的光伏发电 /029
2.6 万物一起晒太阳 /032
2.7 戈壁滩上"种"太阳 /036

2.8　屋顶上的小电站　/039
2.9　航天电力能源　/041
2.10　没有阳光怎么办？　/044
2.11　光能利用世界之最　/046

三　最"风流"的能源——风能 / 051

风能易于获取、随处可得、蕴藏丰富而又取之不竭，正是能源中的风流翘楚；但是风能又变化万千，随心来去不拘常形，寻之不得却又不请自来，令人爱恨交织。

3.1　古人也识"风"　/052
3.2　风多风少差别大　/055
3.3　风力越大越好吗？　/058
3.4　风力是怎样发电的？　/060
3.5　风机是如何安装的？　/064
3.6　风机是怎么运转的？　/067
3.7　风机遇到台风咋办？　/069
3.8　海上风电　/072
3.9　世界第一的中国风电　/074

四　大地的热宝——地热能　/079

你知道吗，大地还是一个巨大的"热宝"。想象一下，当寒冷令人瑟瑟发抖时，如果有一个热宝摆在面前，那是一件多么幸福的事啊，如果我们脚下的大地就是"热宝"，感受到幸福的人一定数不胜数。

4.1　地热从哪里来？　/080
4.2　温泉——地温之水　/082

4.3 "蹦"来"蹦"去的热量 /084
4.4 冬天菜篮子——地热蔬菜大棚 /085
4.5 地面换热与井下换热 /087
4.6 油田变"水田"怎么办? /089
4.7 干热岩有颗火热的心 /091
4.8 中国地热利用之最 /093
4.9 世界地热利用之多 /095

五 石油天然气工业的好"伴侣"——氢能 /099

氢能是一个新鲜事物,虽然人们早已熟知氢气,但把氢作为能源只是最近几十年的新创意。当前市场上流转的氢气,有相当一部分来源于石油化工生产。无论是现在还是将来,氢能都将是石油天然气工业的好伙伴。

5.1 氢气从哪里来? /100
5.2 谈"氢"不色变 /105
5.3 氢气怎么储存? /107
5.4 氢气怎么运输? /110
5.5 加氢站如何运转? /112
5.6 大显神通的"氢"功 /114
5.7 氢燃料电池之动力 /117
5.8 不加油不充电的"氢"车 /119
5.9 固体氧化物燃料电池优势 /122
5.10 日本"氢能蓝图" /124
5.11 韩国"氢能经济" /127
5.12 美国"氢能战略" /129
5.13 中国"氢能之路" /131

六 大自然的能量仓库——生物质能 /137

  生物质能，就是来自生物物质的能源。生物质能燃烧所释放的二氧化碳，来自植物生长所吸收的二氧化碳，因此它的应用可以完美融入自然界的碳循环，是不可多得的碳基燃料。

  6.1 生物质能是什么？ /138

  6.2 可种植的"石油树" /142

  6.3 生物质转化技术 /144

  6.4 无木之火话沼气 /146

  6.5 陈粮变燃料乙醇 /148

  6.6 地沟油"变"生物航油 /151

  6.7 秸秆废物能发电 /153

  6.8 生物质能世界之最 /155

七 蓝色海洋宝藏——海洋能 /159

  海洋占据了地球表面70%多的面积，如果将所有海洋中蕴藏的能量加以利用，对人类社会的发展，将起到不可估量的推动作用。

  7.1 月有圆缺，潮有起落 /160

  7.2 潮守信约，汐奉电力 /162

  7.3 风起浪涌，波电无穷 /163

  7.4 日照寒渊，温差生电 /166

  7.5 汹涌无波，海流发电 /169

  7.6 浓淡相宜，盐差发电 /171

  7.7 世界最大的潮汐发电站 /174

八　芥子藏巨能——核能　/177

物质可以分割成分子，分子又可分割成原子，原子还可分割成基本粒子。在人们分割原子的时候，小小的原子中隐藏的大秘密被发现了，这个秘密就是核能。

- 8.1 "点石成金"话原子　/178
- 8.2 "毁天灭地"原子弹　/181
- 8.3 坎坷核能路　/185
- 8.4 日新月异的核电　/188
- 8.5 来自太阳的启示　/191
- 8.6 "托卡马克"先生　/193
- 8.7 "人造太阳"梦想　/196
- 8.8 美国"国家点火计划"　/198
- 8.9 中国的新追日传奇　/200
- 8.10 超强续航的核动力　/202

九　引领未来的能源　/207

进入新能源时代，能源的生产与供应将发生革命性的改变，可以预见，新的能源将塑造人类全新的生产生活方式，新能源将会把人们引入一个全新的未来。

- 9.1 一枝独秀的新能源　/208
- 9.2 "分分合合"的能源　/210
- 9.3 有"头脑"的智慧能源　/212
- 9.4 无限储能"银行"　/214
- 9.5 蓝色海洋能　/216
- 9.6 未来"牛"公司　/219
- 9.7 绿色地球家园　/223

参考文献　/226

一　追逐潮流的新能源

地球的历史绵长久远而又历尽沧桑。在斗转星移的重复中，人类慢慢成长为地球的主宰。人类制造的器物从粗陋的石器与木矛，发展到如今的手机和汽车，支撑整个人类社会运行的能源也经历了数次换代，从薪柴到煤炭，再到油气，每个时代都有追逐潮流的新型能源推动历史的车轮滚滚前行，汇聚成社会发展的洪流。下面就让我们跟随油博士的指引，领略能源发展的历史画卷。

1.1 能源的前世今生

曾经有一句广为流传的名言：生命在于运动。后来又有人反驳说：生命在于静止。不同的观点一时纠缠不清。当我们继续深究下去就会发现，这些说法都流于表面，远未涉及本质。这两种说法只是说明了运动的多与少，完全没有涉及生命得以存在和延续的根本原因。从本质上说，生命在于能量。只有源源不断的能量，才能保证运动乃至生命绵绵不绝。那么，这些能量来自何方？经历了怎样的变化？未来前景又会如何？让我们一起跟随油博士穿越时空，寻找答案。

> **小贴士**
>
> 天文时期：地球形成岩层之前的时期，约为46亿年之前，那时地球尚未稳定，没有形成如今的地壳构造，可能是一个炽热的岩浆球。

透过重重繁星，我们的视线聚焦到一颗美丽的蓝色行星，这就是地球，也是21世纪前人类唯一已知存在生命的星球（图1.1）。在诞生生命之前，地球经历了漫长的天文时期。形成地壳之后，来自地球核心的热能和来自太阳的辐射能提供了生命诞生的条件。

图1.1 浩瀚宇宙中的地球

在人类出现之前,地球上早已出现了生命,地球核心向外散发着热量,同时太阳也日复一日照耀着世界,数不清的各类生物吸收着这些能量而生生不息。数十亿年间,植物和以植物为生的动物,通过能量转化积累了巨量富含能量的物质,在沧海桑田的地质变化中,一部分死亡的动物和植物被深埋在地下,逐渐转化成了石油、天然气与煤炭。

页岩气的生成与开发视频

远古时代,地球上出现了人类。薪火相传是人类文明传承的重要开端。恩格斯在评价火的作用时说:"摩擦生火第一次使人支配了一种自然力,从而最终把人与动物分开。"在中国神话中,普遍认为钻燧取火的燧人氏为华夏火祖。在希腊神话中,人间的火是泰坦神普罗米修斯盗取而得。无论怎样,人类学会了用火,开始食用熟食,用火驱赶野兽、照明防寒(图1.2)。火的应用改善了生存条件,使人类在发展进化过程中跨越了一大步。掌握用火技能之后,人们开始主动搜集薪柴,薪柴作为可以提供能量的物质,成为人类第一代主体能源,从此人类社会进入了漫长的薪柴时代。火的发明让人类从石器时代走向金属时代,从原始文明迈向农业文明。薪柴是人类掌握的第一代能源。

图1.2 为原始人带来温暖与光明的篝火

时光的剪影飞速掠过，定格在维多利亚时代的英国。19世纪中叶，亮闪闪的煤精饰品曾经风靡一时，像现在的宝石一样名贵，英国曾以出口煤精饰品闻名欧洲。几乎同时，人们发现煤炭具有很高的热值和含碳量，在燃烧的时候可以放出大量的热，既可以用作热源，又可以用作还原剂。特别是詹姆斯·瓦特（James Watt）将蒸汽机改良为"万能的原动机"以后，煤炭以其高热值、分布广的优点取代薪柴成为全球第一大能源，这是人类掌握的第二代能源。

> **小贴士**
>
> **热值**：表示燃料品质的一种重要指标，指单位质量（或体积）的燃料完全燃烧时所放出的热量，常用单位千焦耳/千克或千焦耳/升。
>
> **詹姆斯·瓦特**：James Watt，1736.1.19—1819.8.25，英国发明家、企业家。詹姆斯·瓦特出生于苏格兰，1757年，被格拉斯哥大学聘为数学仪器制造师。1763年，詹姆斯·瓦特争取到一个修理纽可门蒸汽机的机会，从此与蒸汽机结下不解之缘。经过近20年的艰苦努力，完成多项改进之后，蒸汽机已能够适用于各种机械运动，成为"万能的原动机"。詹姆斯·瓦特对蒸汽机的改良拉开了工业革命的序幕，使人类进入"蒸汽时代"。后人为了纪念这位伟大的发明家，把功率的单位定为"瓦特"（简称"瓦"，符号W）。

煤炭的广泛应用推动了钢铁冶炼、铁路交通、远洋航行、军工等行业的迅速发展，彻底改变了生产方式，极大促进了世界工业化进程，人类社会进入工业化时代。工业革命也促进了近代科学的发展，热力学、光学、电磁学、化学、地质学、生物学、人类学等学科都取得了重大突破，产生了很多较完善的理论体系，形成了对能量的系统认识，也促进了能源概念的产生，煤炭成为名副其实的世界能源。煤炭推动的世界经济发展，超过了人类以往数千年的积累，不仅形成了庞大的产业工人队伍，也从根本上改变了整个社会的物质条件，廉价工业品遍及全球，工业文明由此成型。

1859年，埃德温·德雷克（Edwin Drake）在美国宾夕法尼亚州钻出第一口现代工业油井。1877年后，实用型发电机进入商业化生产阶段，电力真正进入人类社会，煤炭开始慢慢隐入电力背后。1913年后，内燃机开始普及，世界能源逐渐进入了以电力和油气为主的时代（图1.3）。由于燃油热量高，比煤炭洁净，使用方便，转换效率高，价格低廉，工业化国家纷纷把燃煤电厂改为燃油电厂，从而使石油与电力成为第三代主体能源。燃油与电力解决了长期困扰人类的动力不足问题，人类社会能源逐渐由石油与电力主导，形成了第三次能源革命。同时，石油化工的发展带来了大量人工合成材料，造就了现代物质文明。

图1.3　石油与电力兴起历程中的关键人物

20世纪中后期，石油与电力的广泛应用使现代文明的发展越来越快，人类充分享受了物质丰富带来的幸福体验。但是，化石燃料大量燃烧带来的污染也越来越严重，终于超过了地球生态自我调节的极限，恶性污染事件频频爆发，并引发了气候变暖、两极冰川融化、极端天气骤增等一系列全球性危机，人类生存环境迎来了巨大的挑战，人们开始思考怎样替代传统的化石能源。

伴随着科学技术的进步，各类能源不断被发现和开发利用，每一种能源的发现和利用，又强有力地推动了人类文明的发展。因此能源的变迁，同人类社会文明发展紧密联系在一起。受全球气候治理影响，以低碳化、无碳化理念为核心的新一轮能源革命，正在世界范围内蓬勃兴起，新能源以其低污染、可再生等优势，成为人们关注的热点。新能源的出现，标志着世界能源发展正在由高碳转为无碳、由化石能源步入非化石能源,人类开启了新的以低碳为主要特征的能源时代,新能源正在成为人类掌握的第四代主体能源(图1.4)。

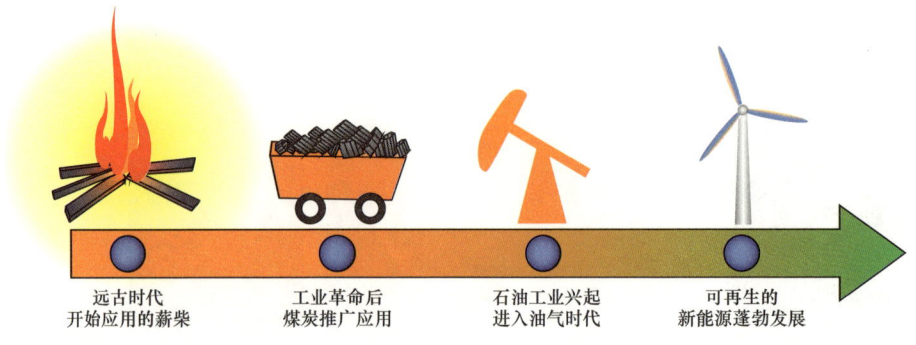

图1.4 四次能源革命

1.2 油气的历史使命

当人们开始一天的生活,睁开眼睛就会看到身边数不清的石油产品:窗帘、眼镜、家具、门窗、洗漱用品、化妆品、衣服、手机、手包、电器……几乎每一件看得到的物品,都可能与石油产品有关。所有机械类物品,几乎都离不开石油,飞机、汽车的动力也大多来自石油,各种塑料、橡胶产品、服装也多来源于石油。可以毫不夸张地说,石油是现代文明的物质基础之一。

石油与天然气主要由烃类物质组成,主要区别在于各自分子中含有碳原子的数量,天然气的主要组分是含有一两个碳原子的烃分子,石油则是由含有碳原子数从几个到几百个的多种不同烃类分子组成。这些烃类物质是在地球数十亿年演化过程中,由无数植物和动物残骸积累而来,是一类特别珍贵且不可再生的有机物质。

> **小贴士**
>
> **有机物：** 由碳氢元素组成的化合物及其常见衍生物的总称（不包括碳氧化物、碳硫化物、碳酸、碳酸盐、碳酸氢盐、金属碳化物、氰化物、硫氰化物、碳硼烷、烷基金属、羰基金属、金属的有机配体配合物等含碳化合物）。19世纪前，人们已知的有机物都只能从动植物等有机体中取得，所以把这类化合物称为有机物，意思是它们只能由生命创造出来。随着有机合成技术的发展，很多有机物可以在实验室或化学工厂由无机物合成而得到。

石油与天然气深深埋藏在地下，偶尔因地质运动出露地表而被人发现。在数千年前，人类就开始利用地表的石油和天然气（图1.5）。最初的石油并不是用作能源，而是用作材料。在距今5000年的美索不达米亚平原（今伊拉克和叙利亚）乌尔早期废墟，人们发现沥青被用作建筑材料。在公元前700年—公元前600年古巴比伦建造的皇宫、城墙、凯旋门等建筑物当中，沥青作为黏合剂和装饰材料被广泛利用。古埃及人利用沥青与油脂等多种物质的混合物，作为密封剂来保存贵族的尸体，也就是我们今天所说的木乃伊。

中国西汉文学家扬雄（公元前58年—公元18年）在《蜀王本纪》中记载："临邛有火井一所，纵广五尺，深六十余丈……井上煮盐"，这是关于天然气的最早记载。

中国东汉史学家班固（公元32年—公元92年）在《汉书》中写道："高奴县有洧水可燃"，这是目前发现的人类关于石油的最早文字记录（高奴在中国陕西延长一带）。

中国东晋史学家常璩（约公元291年—约公元361年）在《华阳国志》中记载了2200年前四川临邛县钻井开采天然气煮盐的情景："有火井，夜时光映上昭。民欲其火，先以家火投之。顷许，如雷声，火焰出，通耀数十里，以竹筒盛其光藏之，可拽行终日不灭也"。

图1.5　石油与天然气的历史记载

石油与天然气都蕴含巨大能量，但以燃料角色被大规模应用的时间相对稍晚。19世纪末，人们发明了以汽油和柴油为燃料的内燃机。1908年，福特公司推出了工业化量产的汽车。此后，汽车、飞机、轮船、火车等现代运输工具，都借助石油燃料得到快速发展，成为现代文明的重要技术成果。作为燃料的石油约占石油总消耗量的三分之二，而天然气则大部分被当作燃料烧掉了。

石油与天然气还是宝贵的化工原料，可以得到种类繁多而又非常重要的化学产品，如化工原料与溶剂、润滑油、沥青、石油焦、化肥等。石油与天然气作为化工原料，也是20世纪前半叶才开始规模发展。从石油化工基本原料出发，化学工业为人们提供了大量聚合物产品，如合成橡胶、合成纤维、合成树脂，衍生出无数现代产品，琳琅满目的塑料制品、多姿多彩的现代时装、结实耐用的橡胶制品等遍布人类生活的每个角落。用作化工原料的石油占石油总消耗量的不足五分之一，却支撑了整个社会的合成材料供应，可见石油天然气在世界经济的发展、人类社会生活与文明演化中占有极其重要的地位（图1.6）。

石油和天然气一直是现代社会不可缺少的物质基础，也是重要的战略物资，其勘探开发能力是国家综合国力的体现。随着新能源的发展，今后数十年将是石油和天然气作为主体能源的最后辉煌时期，未来石油天然气在能源领域的应用将有所减弱，更多石油天然气将回归原料本色。

1.3 人类对能源的新要求

传统能源是指已经大规模生产和广泛利用的能源，薪柴是第一代传统能源。第一次工业革命后，煤炭作为新能源取代了薪柴这个传统能源。又经过两百多年的发展，替代煤炭的油气本身也成了传统能源。20世纪中叶以来，石油、天然气和煤炭这三种传统能源占据全球80%以上的能源份额。

一 追逐潮流的新能源

图 1.6 石油对生活的影响

随着人类社会发展，生产生活的能源需求持续增长，传统能源日渐减少，人们开始对化石能源的储量产生忧虑。同时，人们发现，传统能源通过燃烧释放能量，必然要排出大量二氧化碳，还会因燃烧不完全和燃烧副反应等原因，产生颗粒物、酸性氧化物、挥发性物质等多种污染物（图1.7）。污染使地球生态环境严重恶化，直接威胁人类的生存，如"伦敦大雾"之类的各种严重污染，已经让过度消费化石能源的人们，付出了沉重的代价。过多的碳排放导致温室效应强化，带来气候失常、极冰融化、岛陆沉没、物种灭绝等种种灾难。

图 1.7 环境污染

如果能源体系不进行改革,酸雨、雾霾、气候极端变化将变得越来越严重,地球将受到难以逆转的污染,而变得不再适合人类居住,这种危机感迫使人们反思,是否有更好的能源可以替代化石能源的燃料地位。

那么,什么样的能源适合替代传统能源?

寻找新的能源来替代传统能源,一方面是要解决传统能源资源不足或不均匀的问题,建立新的资源充足的能源供应体系;另一方面是解决传统能源的污染和碳排放问题,建立新的清洁用能体系(图 1.8)。

从这两方面的需求出发,人们对替代传统能源的新能源提出了新的要求。

要求一:新的能源要具有可被大规模利用、可再生的特点。只有价格便宜、资源丰富,且具备可再生特性的能源,才能满足永续利用的要求,解决传统能源资源(特别是化石能源)枯竭等问题。

图 1.8 新能源的优势

要求二：新型能源在使用过程中不要产生污染，这一点排除了多数通过燃烧获取能量的途径，即使非常清洁的氢，也并不完全适合通过燃烧来获取能量，因为普通民用燃烧的过程必须在空气中完成，燃烧的高温促使空气中的氮气同时发生氧化反应，形成氮氧化物污染。使用新的无污染的能源，将有助于解决当今世界严重的环境污染问题。

要求三：新的能源要具有低碳排放或零碳排放的特点。即新的能源的碳排放不能对环境造成明显影响，这个要求将大部分碳基能源排除在能源体系之外。只有生物质能例外，它事先将碳储存起来而抵消使用过程的排放，成为唯一零排放的碳基可再生能源。

随着人类科学技术的进步，可持续发展观念逐渐被大众接受，人们在寻找清洁能源及能源高效利用的过程中，实践了新一轮的能源革命，随着新能源的开发利用，地球家园将变得越来越绿色宜居。

1.4　能源家庭新成员

"能源"这个概念，产生于社会文明发展过程中，也就是说，仅有社会活动并不足以支撑能源的概念，只有文明才需要能源。比如，尽管蚂蚁是社会性动物，我们却很难想象一群蚂蚁，会因为要去 100 千米之外作战，而囤积运输动力物资。只有在文明社会中，才能使一个普通的社会成员有可能借助社会的力量，完成远超个体能力的行动，能源就是这种社会力量之一。

> **小贴士**
>
> 能源：中国《能源百科全书》认为能源是可以直接或经转换提供人类所需的光、热、动力等任一形式能量的载能体资源。《大英百科全书》认为能源包括所有燃料、流水、阳光和风，人类用适当的转换手段便可让它为自己提供所需的能量。

以远行为例，假如一个人与一只蚂蚁同时想到，"世界那么美好，我想去看看"。蚂蚁就只能老老实实地一步一步走着去，3000 千米的路程，每天走 8 小时，差不多要走 10 年；人则能够享受文明的成果，同样是 3000 千米

图 1.9 人类的能源需求

的路,坐飞机只要不到 4 小时,代价就是建造机场、生产飞机、驾驶飞机都需要消耗大量的能源(图 1.9)。

人类社会需要不断补充被不停消耗的能量,就必须不停地寻找能源。如果把不同种类的能源比作一个大家庭,这个家庭的成员都包括哪些?

在不同的时代,能源家庭的成员大不一样,哪一种资源能够成为主体能源,还要看当时的技术发展水平和社会总体需求。从人类文明诞生,一直到 17 世纪的漫长历史中,能源大家庭的主要成员只有薪柴,零星的能源还包括水力、风力,至于天然气、石油和煤炭的应用,属于罕见的偶然现象。这固然是因为技术水平较低,没有能力大规模开发煤炭等资源,更重要的原因是市场有限,靠薪柴就足以满足绝大部分能源需求。

18—20 世纪,社会需求推动技术进步,煤炭、石油、天然气逐步实现规模开发与利用,并取代薪柴成为绝对的能源主体,薪柴的使用仅存在于偏远的不发达地区。

进入 21 世纪,情况又发生了重大变化。一是不可再生的油气资源探明储量仅有几十年存量,接替能源必须尽早规划以实现能源接替的无缝转换,避免社会出现动荡;二是化石能源污染已趋于饱和,地球生态环境即将面临无法逆转的破坏,能源利用清洁化已迫在眉睫;三是人类活动造成的碳排放,已达到了对地球大气候造成严重影响的程度,有必要谨慎收敛,减少碳排放,以免造成无法挽回的生态灾难;四是有识之士一直在探索发展新的能源技术,并取得许多突破性进展,一批新型的可再生清洁能源利用技术,已能够满足接替化石能源的需求(图 1.10)。

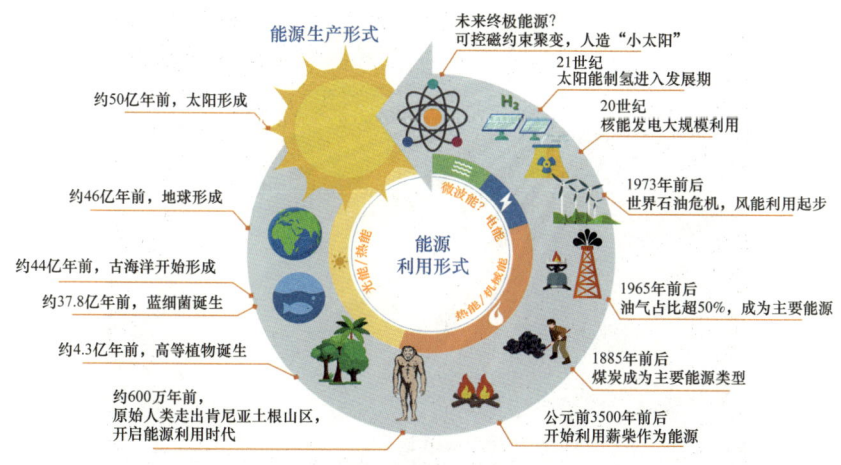

图 1.10 能源的演化

这些新型能源就是能源家庭的新成员,其中包括早已被人类熟知的风能、水能,也包括人类一直念念不忘的太阳能,还有海洋能、地热能等。这些能源家庭的新成员无一例外,都依靠全新的技术以崭新的面貌出现在人们面前。

通过合理的采伐、有计划的再生和高效转化技术,薪柴成为零碳可再生能源,生物质能的新形象刷新了人类的认知;风力、水力通过发电,成为举足轻重的可再生能源;光热、光伏与储能配合,成为可再生能源的主力;海上能源包括潮汐能、海流能、波浪能、盐差能、温差能,是资源量极其丰富的清洁可再生能源;地热深藏在地下,干热岩开发技术、取热不取水地热开发技术和同层回灌技术使地热资源可持续利用成为现实;此外,还有氢、沼气、酒精与甲醇等,都是从能源大家庭不同成员衍生而来,被称为二次能源。

能源大家庭还有很多后备成员,例如可控核聚变,如果能够成功实现商业化,将最终解决人类社会能源供应问题;又如恒星能源,将类似太阳的恒星所具有的能量打包控制,成为星系建设的能源基地(图1.11);再如反物质能源,其能量密度远超可控核聚变,如果能够成功开发,将解决跨星系级别的能量供应;还有解决宇宙航行问题的曲率发动机等。能源大家庭还有很多秘密等待着人们去发现,未来必定有更多的新型能源,加入能源大家庭。

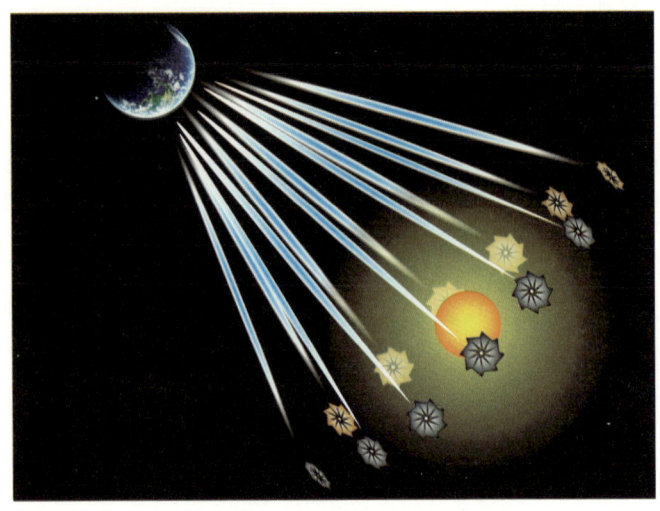

图 1.11　未来的恒星能源

1.5　新能源的快速崛起

随着文明的进步，人们逐渐认识到仅有生产力的发展是不够的。两次工业革命带来的不仅是经济社会的巨大进步，同时伴随的还有地缘政治冲突加剧、能源资源耗尽恐慌、区域能源资源匮乏、生态环境全面恶化等一系列负面影响（图 1.12）。

图 1.12　碳排放导致气候变暖

 一 追逐潮流的新能源

20世纪70年代的石油危机,促使世界各国纷纷探索能源安全新路径;1992年通过的《联合国气候变化框架公约》约定每年召开缔约国大会,1997年在日本京都召开的第三届缔约国大会,通过了强制性减排目标的第一份国际协议《京都议定书》,对2012年前主要发达国家减排温室气体的种类、减排时间表和额度等作出了具体规定。资源缺乏、环境保护及气候控制等因素,促使以可再生能源支撑可持续发展的思想,逐渐被世界各国接受,许多国家将发展可再生能源作为能源战略的重要方向之一,提出明确目标并为之出台各类政策法规,来促进其技术与应用的发展。发展清洁、低碳的新能源成为世界能源领域的大趋势和世界各国的必然选择。

《京都议定书》生效以后,世界各国以应对生态危机和气候变化为要点,从包括发展新能源技术等在内的一系列技术设想出发,制定了各具特色的新能源政策。2015年12月,《联合国气候变化框架公约》197个缔约国在巴黎气候大会上通过了《巴黎协定》,目标是21世纪将全球平均气温增幅控制在2℃以内,努力限制在1.5℃,昭示了整个人类社会碳中和的美好愿景。由于各国家(地区)的具体情况不同,所采取的政策也有较大差别,特别是欧盟、美国和中国都展现了鲜明的地域特色。

欧盟的政策最为激进,2011年发布《能源路线图2050》,提出到2050年欧盟实现碳排放量比1990年降低80%~95%。2014年,制定了《2030年气候与能源框架协议》,目标是到2030年实现温室气体减排40%(相比1990年),可再生能源占比32%。2019年12月,《欧洲绿色协议》提出欧盟将在2050年成为第一个实现碳中和的地区,并提出一系列绿色融资措施,帮助成员国能源转型。2021年再次修订了《可再生能源指令(RET)》,提出了更加雄心勃勃的目标:2030年碳排放减少55%,可再生能源占比提高至40%。减碳目标不断升级,欧洲各国在新能源汽车补贴、税收减免和基础设施建设上也不断加码,在2020年一跃成为全球最大的新能源汽车市场。

> **小贴士**
>
> **碳中和**:是指在一定时间内,企业、团体或个人直接或间接产生的温室气体排放总量,通过植树造林、节能减排等形式,被完全抵消的状态。也就是通过技术手段实现二氧化碳等温室气体的净零排放。

与欧盟相比，美国较为保守，自20世纪70年代中东石油危机开始，美国发布了几部颇有代表性的能源综合性法案，逐步明确了新能源产业的发展目标、战略、财政支持方案、技术研发计划、市场融资机制等。从1978年到2009年美国总统相继签署了包括《国家能源法案（1978）》《能源安全法案（1980）》《能源安全法案（1992）》《能源政策法（2005）》《能源独立和安全法案（2007）》和《美国复兴与再投资法案（2009）》等一系列法案。但由于传统能源价格的波动和能源利益集团的冲突，各种新能源政策的实施遭受了重重阻力。《美国清洁能源与安全法案》尽管对国际社会产生了巨大影响，却在参议员的抗议之下推进缓慢。

> **小贴士**
> 补贴退坡：政府在对新能源产业提供补贴的同时，根据产业发展的实际情况，有计划、有明确目标地逐步减少补贴，通常有明确的时间节点和额度限制。

中国作为发展中国家，也提出了符合自身国情的能源转型路线。中国的新能源政策，前期以政策激励和财政补贴为主。20世纪末中国可再生能源产业初具规模；21世纪初，提出因地制宜发展新能源的倡导。2005年随着《中华人民共和国可再生能源法》的出台，中国可再生能源进入规范发展阶段。自此以后，中国政府先后颁布了多项支持新能源行业发展的政策，内容涵盖了技术发展路线、场地建设规范、安全运行制度、补贴机制等多个方面。随着技术进步，新能源的综合成本持续下降，中国的新能源发展从政策驱动变为市场驱动。风电和太阳能光伏产业已经经历了补贴与退坡的过程，进入商业化发展阶段。其他新能源产业如生物质能、氢能等仍在加速发展中，在政府政策扶持下潜力巨大。

世界各国在寻求绿色转型、低碳可持续发展的道路上都取得了卓有成效的进展。进入21世纪以来，新能源呈现爆发式增长，各类新能源技术及政策的发展可谓一日千里，新能源应用如同雨后春笋，仿佛一夜之间就遍布全球各地。以中国为例，从2001年到2021年，清洁能源占比从10%左右增长到25%左右，增长速度非常可观（图1.13）。

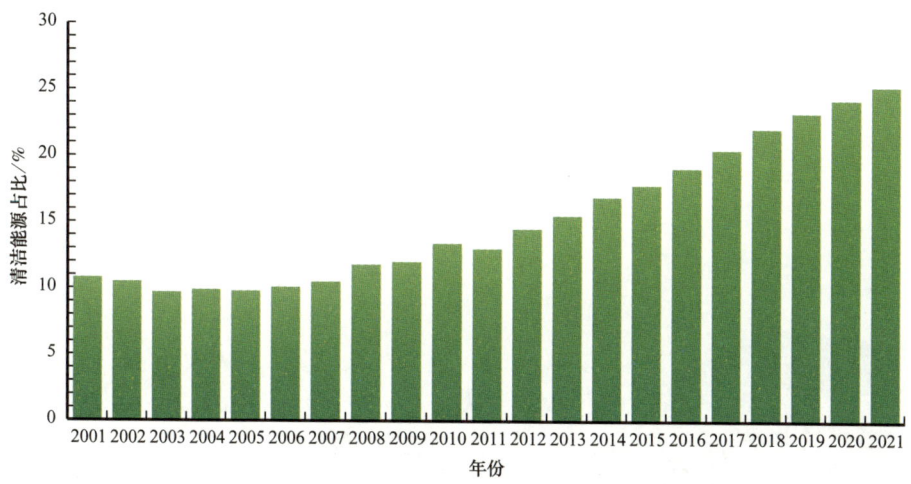

图 1.13　近 20 年中国清洁能源占比

新能源发展如此之快，那么，它是否已经可以左右整个世界的能源结构了呢？当然还不行，新能源的基数太小，与整个世界的巨量能源需求还无法相提并论，其体量还远远达不到替代化石能源的要求。直到 21 世纪初，煤炭、石油、天然气等化石能源，仍然是世界能源生产和消费的主流。即便到了 20 世纪 20 年代，欧美日等发达国家新能源技术的竞争力，也不足以全面压制传统化石能源。许多发达国家非常重视新能源技术的研发与应用，致力于零碳社会的建设，成为全球范围内可再生能源替代化石能源的急先锋。

各类新能源就像是能源大家庭的下一代，虽然已经表现出爱清洁、高效率和高技术水准的特点，但还处于逐步壮大的阶段，距离独当一面还有距离。未来，新能源要负责把地球家园打理得干干净净、一尘不染，要成长为能源大家庭的顶梁柱。纵观历史，当一种新事物获得世界广泛的认同，它的发展就会像滔滔洪水一般无法阻挡，煤炭替代薪柴的过程是这样，油气应用席卷全球的过程也是这样。可以预见，新能源的崛起必将带来遍布全球的能源转型浪潮。

二 无尽的能源之源
——太阳能

太阳在无际的宇宙中高速奔驰,地球等众多行星,一路追随并沐浴在太阳的能量中,数十亿年从未停息。太阳的能量造就了地球上千姿百态的生命,久远年代繁盛的植物和庞大的动物,为地球积累了大量的化石能源,撑起了人类社会数百年工业文明的消耗。人类能否像植物一样直接从太阳汲取能量,将太阳的能量作为新型能源的源泉?下面就让我们与油博士一起,去领略能源之源的风采。

2.1 太阳能量的来源

《淮南子·本经训》记载，远古时代，人们对太阳充满了神奇的想象，传说中太阳是生有三只脚的会发出金色光芒的乌鸦，共有十只，每天有一只在天空中值班巡行，为人类带来光明和温暖。后来，十只金乌同时升空，炽热的阳光将地球烤得遍地焦土，大神羿不得已用神弓射落了其中九只，从此天空上只有一个太阳。

事实上，太阳离地球十分遥远，即使是光速，从太阳出发到达地球也要花费 8 分钟的时间，所以弓箭射日当然不可能。但是太阳烤焦地球上的禾苗与土壤却不罕见。太阳能够在地球表面造成如此严重的破坏，说明它具有非常强大的能量，人们就把这种来自太阳的能量称为太阳能。地球上的万千生物，都要靠太阳能来滋养繁衍，所以在羿射九日的故事中，还有智慧老人偷走了羿的一支箭，使羿只能射落十个太阳中的九个，为地球保留了一个太阳。

既然太阳离地球那么远，可以想象，能够被地球接收的太阳能量，是其总量之中非常非常小的一部分。太阳的能量有多大？如果能将太阳在一秒钟内所释放出来的能量全部储存起来，就能满足地球上百万年的能源需求。虽然地球接收到的太阳光，只是太阳释放能量的极小部分，但仍然可以让生活在地球上的人们感受到光和热。

太阳从古至今一刻不停地释放着能量，数十亿年来养育了地球万物，那么这么多的太阳能量是从哪里来呢？科学研究表明，太阳的能量来自氢元素的核聚变过程。氢占太阳总质量的 80%，氦、氖、碳、氧、铁等也是太阳的组成成分，元素越重含量越少。太阳的表面温度约 5600℃，其炽热程度令人难以想象，但是和太阳中心相比，只能算是小巫见大巫呢！这是因为太阳巨大的质量所形成的强大引力在太阳中心汇聚，使太阳中心的压力高达 2500 亿个大气压，压力和核聚变反应的共同作用，使太阳内部温度高达约 1500 万摄氏度（图 2.1）。

二　无尽的能源之源——太阳能

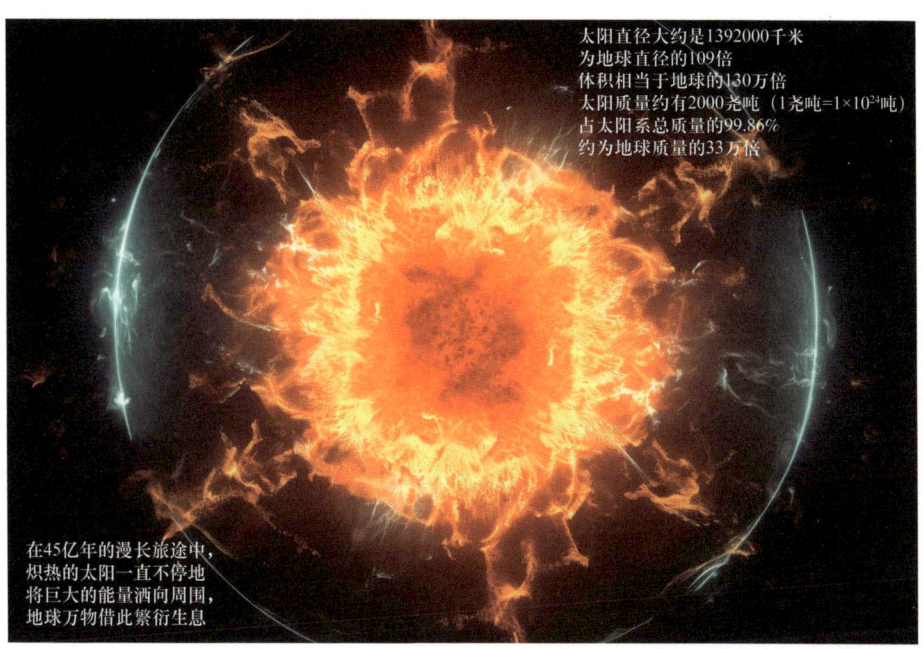

太阳直径大约是1392000千米
为地球直径的109倍
体积相当于地球的130万倍
太阳质量约有2000尧吨（1尧吨=1×10²⁴吨）
占太阳系总质量的99.86%
约为地球质量的33万倍

在45亿年的漫长旅途中，炽热的太阳一直不停地将巨大的能量洒向周围，地球万物借此繁衍生息

图2.1　炽热的太阳

在这样的高温高压条件下，任何物质都无法维持正常的原子形态，会变成糨糊一般的带电粒子的混合物，其中包含高速运动的带正电荷和带负电荷的粒子，由于其正负电荷基本相当，人们将这种状态的物质称为等离子体。太阳内部的等离子体中包含大量带正电荷的氢原子核，在适宜的条件下，四个氢原子核可以融合成一个氦原子核，称为"核聚变反应"，反应过程中释放出大量的能量，使太阳发光的就是这种能量。同样是核武器，氢弹比原子弹的威力要大得多，就是因为氢弹爆炸时发生的就是这种热核聚变反应，而原子弹爆炸时发生的是裂变反应。1克重的氢变成氦时，放出来的能量等于燃烧15吨汽油的能量，而太阳的中心，每秒钟大约有400万吨氢原子核进行核聚变反应，可见太阳内部的能量大到超乎我们的想象。

太阳中心发生的核聚变反应释放出能量，包括热、可见光和其他电磁波，并且以辐射的形式向四面八方传递出去，从古到今，从未停歇。

当然，太阳内部氢的蕴含量还是有限的，科学家预计在50亿年以后，太阳内的氢将消耗殆尽,太阳的主体成分将变为氦。虽然氦原子核也可以发生聚变反应生成碳,太阳还可以继续发光发热,但在氢完全消耗掉之前,太阳的结构与温度就会发生巨大变化,也许 10 亿年后太阳的变化就会令地球环境不再宜居,人类将不得不离开太阳系去寻找新的家园。

2.2 阳光普照只是个梦想

太阳向宇宙空间辐射的功率超过 1 泽瓦(1 泽瓦 $=1\times 10^{21}$ 瓦),其中二十二亿分之一到达地球大气层。到达大气层的太阳能,又有近三分之一被大气层反射,近四分之一被大气层吸收,只有不到一半到达地球表面。地球表面可接收的太阳能功率仍超过 80 拍瓦(1 拍瓦 $=1\times 10^{15}$ 瓦),2019 年全球能源消费总量约为 584 艾焦(1 艾焦 $=1\times 10^{18}$ 焦),与太阳在两个小时内照射到地球表面的能量相当。

太阳送给地球的能量既然如此之多,是不是我们在地球上任意地点都可以随心所欲地利用太阳能呢?"蜀犬吠日"这个成语给了我们答案(图 2.2)。这个成语出自柳宗元写给自己的"粉丝"韦中立的一封书信《答韦中立论师道书》:"仆往闻庸、蜀之南,恒雨少日,日出则犬吠……然后始信前所闻者。"这段话描述了中国四川日照条件很差,由于多云多雨,连动物都觉得太阳是个少见的怪物。

图 2.2 蜀犬吠日

这种日照很少的地方在地球上并不少见,有的是因为地形影响了局部小气候,造成多云多雾,从而影响到地面光照强度。有的是因为所处地理位置较差,刚好处于太阳无法直射的位置,难以接收到充足的阳光。中国成都部分地区年平均日照时数每天

二 无尽的能源之源——太阳能

不到3.5小时，贵阳、长沙日照条件与成都相近，欧洲大部分地区光照条件也是这样，缺少阳光的城市名单可以列成长长的一串，如都柏林、明斯克、莫斯科、哥本哈根等。可见，世界各地的太阳能资源分布并不是很平均。

日照充足的地区多集中于平原、沙漠、高原和赤道两侧区域，全球太阳能辐射强度和日照时间最佳的区域，包括中国西部地区、北非、南欧、中东地区、南非、美国西南部和墨西哥、澳大利亚、南美洲东西海岸等，日照不足的地区多集中于盆地、空气湿润地区和高纬度地区，如中国西南地区、东欧、北欧、英国、爱尔兰、波罗的海三国、俄罗斯西部等。

以中国为例，由于幅员辽阔，地形更具多样性，既有光照条件较好的区域，也有日照不足的地点（图2.3）。从太阳年辐射总量的分布来看，西藏、青海、新疆、宁夏南部、甘肃、内蒙古南部、山西北部、陕西北部、辽宁、河北东南部、山东东南部、河南东南部、吉林西部、云南中部和西南部、广东东南部、福建东南部、海南岛东部和西部以及台湾省的西南部等广大地区，都属于太阳能资源丰富地区。青藏高

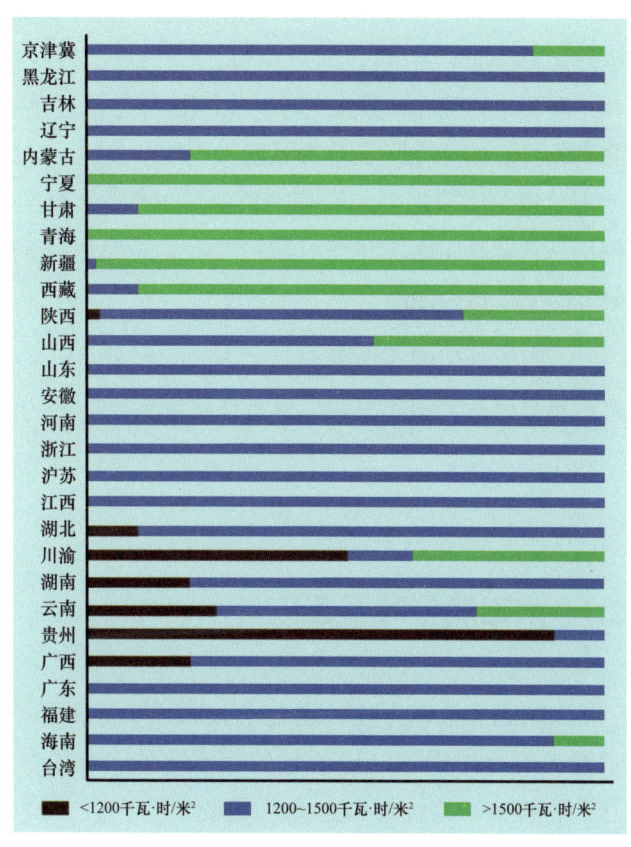

图2.3 中国太阳能资源分布示意图

023

原地区日照条件最佳，由于海拔高达 4000 米，大气层薄而清洁，透光性好，太阳光穿过大气层的损失率低；而且当地纬度较低，日照时间长，光线角度好。地处青藏高原的拉萨市，年太阳总辐射量达到 8160 兆焦 / 米²，年日照时间超过 3000 小时，号称日光城。而贵州情况则完全不同，贵州的海拔高度仅 1000 多米，大气层厚度明显高于青藏高原，而且地形复杂、气候湿润，民间流传着"地无三尺平，天无三日晴"的谚语，还有人附会贵阳的地名是来自阳光珍贵之义，可见光照条件确实不佳。

不同地区太阳能开发价值不同，从技术角度来看平均每天每平方米接收太阳的能量，要大于 5 千瓦·时才能满足开发条件，而从经济可行角度来看，平均每天每平方米接收太阳的能量，要大于 5.6 千瓦·时才能保证有足够的盈利空间。中国各地平均每天每平方米接收太阳能的量为 2.6~6.5 千瓦·时，中值为 4.6 千瓦·时，太阳辐射中值还达不到技术可开发标准，说明有相当一部分地区不具备开发太阳能的条件。总体来看，中国有些地区的太阳能资源比较丰富，和美国资源情况相当，比日本、欧洲条件优越得多，特别是青藏高原西部和东南部的太阳能资源尤为丰富，接近世界上光能条件最好的撒哈拉大沙漠。

太阳能受地理环境影响非常大，阳光普照只是个梦想，不能期望所有地方都有很好的太阳能资源，只有在日照条件较好的区域，太阳能资源才能有效利用。

2.3　太阳能与叶子工厂

太阳滋养地球万物，动物晒太阳用来取暖和杀菌，极少数能够利用太阳光合成有用物质，也不是储存太阳能，真正能够储存太阳能的是种类万千的植物。植物被称为食物链的"生产者"，它们通过光合作用吸收太阳中的能量，将无机物转化为有机物并以能量的形式储存（图 2.4）。通过亿万年的进化，绿色植物形成了非常完善的从光能到化学能的转化体系，实现了太阳能的高效利用。

正是因为漫山遍野的植物将太阳能储存起来，为生物提供营养，才有了地球上的万物繁盛。那么，植物是怎么储存太阳能的呢？

冬去春来，许多植物在成长之前，大多要先吐出绿叶，然后才慢慢成长。科学研究发现，绿叶正是植物合成新物质的场所，一切的奥秘都隐藏在绿叶当中。

很多植物的叶子直径有三五厘米，三片叠在一起的厚度也只有一毫米左右，这么小的叶子里面究竟隐藏着什么秘密呢？如果把一片叶子的体积放大10000亿倍，我们就会得到一个高度3米、长宽各300～500米的巨大的自动化生物工

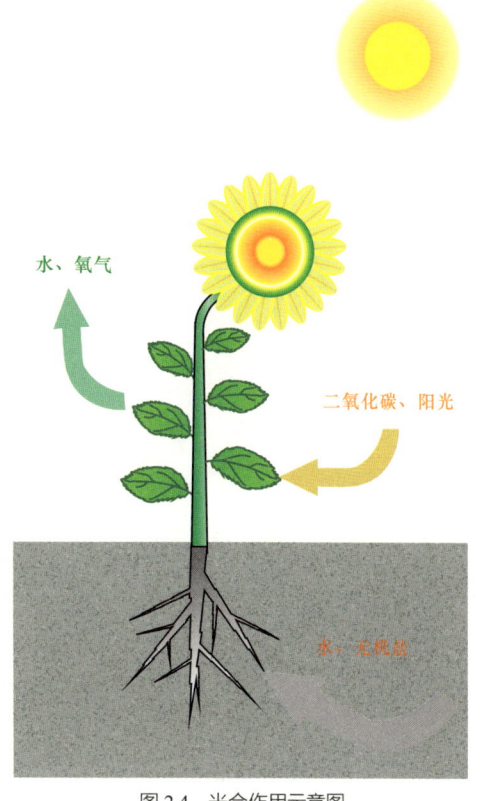

图2.4 光合作用示意图

厂，这个工厂依靠一根直径50米的柱子（叶柄）撑在空中。如果能够走进叶子工厂的内部，就可以亲眼看到里面的秘密了（图2.5）。

从四周边缘看，工厂到处都是拥挤的锯齿状拐角，从叶子工厂的上面看，像是冬天结冰的湖面，有半米多厚无色透明屋顶，屋顶表层是几厘米厚的透明蜡质保护层，透过透明屋顶可以看到同样透明的立式紧密排列的约1米高的碧绿柱状反应器（栅栏组织的细胞）。

转到叶子工厂的下面就有了惊喜，下面是一层强化的透明底板，也有近半米厚，底板平面上几乎每隔1米多就有一个眼睛形状的气孔，可以睁开或闭合，打开时尺寸比马路上的井盖略小。底板之上是近1米厚的浅绿色透明海绵组织，排列较为疏松，透过海绵组织可以看到上层紧密排列的柱状栅栏

组织，也可以看到从叶柄延伸而来的树状叶脉。叶脉中除了支撑结构外还有两种管道，一种是用于向叶子中输入水与无机盐的导管，另一种是用于从叶子中输出有机物的筛管。

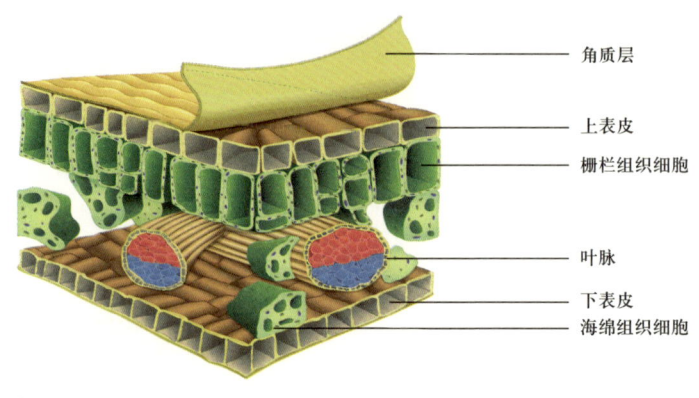

图 2.5　叶子结构示意图

从气孔进入叶子内部，可以在栅栏组织和海绵组织里，找到形如青提葡萄的叶绿体，每个叶绿体约有三粒青提大小，在每个栅栏组织的柱状反应器中，有几十个到几百个不等。在阳光照射下，叶子中的叶绿体吸收蓝紫光和红光得到能量，其中一部分能量将水分解开来，产生的氧气通过气孔释放到空气当中，另一部分能量与被叶绿体从水分子中捕获的氢，一起用于还原二氧化碳得到葡萄糖，葡萄糖等有机物可以从叶子中的筛管，输送到植物的各个部分供其成长所需。

葡萄糖是重要的生命能量供体，在高等生物生命活动中普遍存在，人类通过食物获取力量，也是通过将食物中的有用组分转化为葡萄糖才得以实现。由此，植物供养万物的奥秘被掀开了一角，人们将植物吸收太阳能制造新物质的过程称为光合作用。

叶子工厂就像人类的无人工厂一样，所有的操作环节都实现自动化控制。适宜的光照强度、二氧化碳含量和温度都是保证光合作用顺利进行的主要因素。当光线过强时，叶子可以通过气孔排出水分而散热，也可以利用叶绿体的聚集降低光的吸收率而避免升温。气孔的开闭总是恰到好处，叶子内部缺少二氧化碳就打开气孔吸收一些，氧气生成后就打开气孔向外释放。发生在叶绿体中的光合作用过程，一直令无数科学家孜孜以求。如果人类掌握了光合反应技术，就可以改变人类食物、能源乃至整个社会结构。

2021 年，中国科学家取得突破，成功实现由二氧化碳出发合成淀粉的全部过程，这是人类在模仿光合作用的技术探索中的重大进步。

发生在绿叶中的光合作用与自然界的氧化过程结合，刚好构成一个循环，这个循环使地球上的氧气和二氧化碳含量可以保持相对稳定，不会因为各种氧化反应而将空气中的氧气耗尽。如果没有绿叶，大气中的氧气就会越来越少，许多地球生物将无法生存，人类可能也不复存在了。可以说，阳光洒巨能，绿叶养万物。

2.4 "绿叶"也能发电吗？

碳中和是人类社会的重要行动，用以清除自身活动对环境的影响。为了减少二氧化碳排放，人们发明了各种获取能量的方法，来替代化石能源燃烧这种不可持续的用能手段。利用光伏效应发电的光伏太阳能电池板，在房顶、滩涂、荒地以及沙漠戈壁等场所，已经得到了普遍推广和应用，这是太阳能利用的一种重要方式。

人的力量与自然相比，无疑是渺小的，在自然界中，早已进化出更高明更巧妙的太阳能利用方式，这就是无处不在的绿色植物。既然自然界经过数亿年的进化，已经形成了一套成熟的太阳能捕获系统，在各种绿色能源开发过程中，能否模仿植物的光合作用原理，发明出仿生太阳能电池？答案是肯定的，这就是用叶绿素原理发电的太阳能电池。

在绿色植物体内，叶绿素主要起到捕获光能的作用，进而被激发产生电子，作为反应活化中心分解水产生氧气，同时还原二氧化碳生成有机物。模拟光合作用的这一原理，人们将叶绿素单独提取出来，嵌入人工制备的薄膜里，作为捕获光能的工具。在光照的情况下叶绿素产生光激发电子，实现光能到电能的转换，便做成了叶绿素太阳能电池。

叶绿素太阳能电池技术从出现，就一直被不断地改进和优化。最初，美国的科学家从菠菜叶中提取叶绿素—蛋白质复合物，放置到两层导电材料之间，进行光照发电实验。但叶绿素脱离天然环境后非常脆弱，很快失活失效。后来科学家用具有表面活性剂功能的缩氨酸作为保护膜，给叶绿素创造植物中的环境解决了这一问题。科学家还人工合成了不同形貌的仿叶绿素分子，进一步提高了电池的稳定性。

鉴于"人造绿叶"的技术难度，真正的叶绿素电池还处于研究阶段，离实际应用尚有较大距离，但模仿光合作用原理制成的电池已经问世了。其中进展较大的是染料敏化太阳能电池，利用敏化剂类人工合成染料代替了植物中的天然叶绿素，其光电转化效率已经超过13%，是新型太阳能电池的一个重要发展方向（图2.6）。

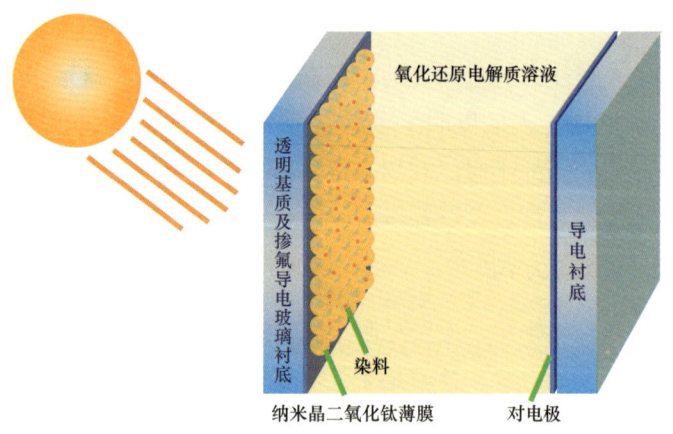

图2.6　染料敏化太阳能电池示意图

以叶绿素为基础制成的太阳能电池具有如下优势：理论光电转化效率高、原材料来源丰富、质量轻、成本低、制作工艺及结构简单、多色透明、对环境友好等，并且具有较强的弱光性，尤其是适应范围广，可与建筑物、衣服、装饰品等很好地结合。正是因为叶绿素太阳能电池具有许多无可比拟的优点，人们一直没有放弃对它的研究与探索。

2020年，吉林大学王晓峰教授课题组，以叶绿素衍生物作为主要光敏半导体材料，模拟自然界Z型光合作用的电子传递方式，设计出两种具有双层和三层全叶绿素的生物仿生太阳能电池。在三层全叶绿素生物仿生太阳能电池中，含羧基官能团的叶绿素衍生物被吸附在二氧化钛介孔内，作为整个电池的初始电子受体，形成底部电子传输层，上层为含有双氰基的双极性叶绿素α衍生物，作为电池的模拟电子给体，中层采用含有羟基、中心金属为锌的叶绿素α聚集体，模拟电子受体。由于这种级联叶绿素α衍生物的组合，可达到最高效的光吸收、电荷抽取和传递，因此在标准太阳光模拟器的光照下，三层叶绿素太阳能电池实现了高达4.2%的光电转换效率。

> **小贴士**
>
> 叶绿素太阳能电池：为类似三明治的多层结构，分为半导体光阳极、电解质和对电极。半导体光阳极是核心部件，由分散着大量叶绿素分子的半导体薄膜材料制成，起到吸收光能、产生电子的作用；电解质主要传导氧化还原电对，将失去电子的叶绿素分子还原；对电极一般由镀铂的导电玻璃制作，接收外电路传导来的电子。由半导体光阳极源源不断产生的电子通过外电路传导到对电极，就形成了电流。

叶绿素是大自然漫长进化过程中形成的高效太阳能转化器，将叶绿素及其衍生物作为主要素材制备新型太阳能电池，既可以实现廉价可再生自然资源的有效利用，又可以实现高光电转换效率，是一种真正绿色低碳的太阳能电池，如果这项技术实现突破，将为国家可持续发展提供强大助力。

2.5 魔法般的光伏发电

阳光普照大地，数亿年的时间里积累了大量煤炭和油气资源，这些资源成为工业化时代推动社会发展的第一动力。在这之前，人们利用阳光下成长起来的草木作为燃料，从中提取能量为己所用。随着社会的发展，这两种能量来源都已无法满足现代文明发展的需求，人们希望从每天的阳光中直接取得生产生活所需要的能量，尝试探索用太阳光发电的技术，并取得了一定的成效。

太阳能光伏发电技术依据的是光电效应原理（图2.7）。光电效应是一种很重要且神奇的现象，最早由德国物理学家海因里希·鲁道夫·赫兹在1887年进行电磁波实验时观察到。后续的研究发现，普通光波对金属造成的光电效应很小，而且同样光照条件下，越具正电性的金属给出的光电效应越大。1902年，菲利普·莱纳德总结对光电效应现象的研究，发布了几个重要实验结果，包括阴极发射光电子能力与入射辐照度成正比、光电子最大动能与入射光频率有关等，这些光电效应的定量研究使他获得了1905年的诺贝尔物理学奖。著名物理学家爱因斯坦以量子物理理论完美解释了光电效应现象的物理原理，将人类对光的认知提升到新的高度，并因此于1921年被瑞典皇家科学院授予诺贝尔奖。

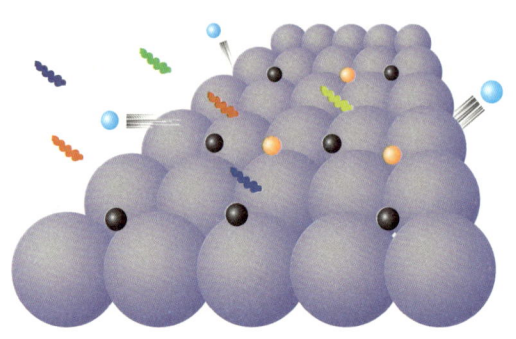

- 每个光子都是一份电磁波，不同波长的光能量不同
- 吸收适当能量的光子后从金属表面逃逸出来的电子
- 吸收光子后仍无法从金属表面逃逸的电子
- 金属晶格中存在的一定数量的自由电子
- 金属晶格中的金属原子

图2.7 光电效应示意图

> **小贴士**
>
> 赫兹：海因里希·鲁道夫·赫兹（Heinrich Rudolf Hertz，1857.2.22—1894.1.1），德国物理学家。1887年赫兹发现一些物体在光的照射下发生电子脱出的现象，称为光电效应（Photoelectric Effect）。光电效应分为光电子发射、光电导效应和光生伏打效应。前一种现象发生在物体表面，又称外光电效应。后两种现象发生在物体内部，称为内光电效应。为纪念赫兹对电磁学的巨大贡献，人们将国际单位制中频率的单位命名为赫兹（Hz）。
>
> 光电效应：指在一定频率光子的照射下，某些物质内部的电子吸收光子的能量后逸出物体表面的现象。如果引导逸出的电子定向运动，就可以形成电流，光能也就直接转换成了电能。

产生光电效应的原因在于光子与电子发生了相互作用。不仅金属材料，而且半导体材料受到光的照射，也会发生光子与电子之间的相互作用，这种作用产生的现象被称为光伏效应（图2.8）。严格来说，光伏效应与光电效应的基本原理是一致的，利用这种原理可以直接将光能转换为电能。

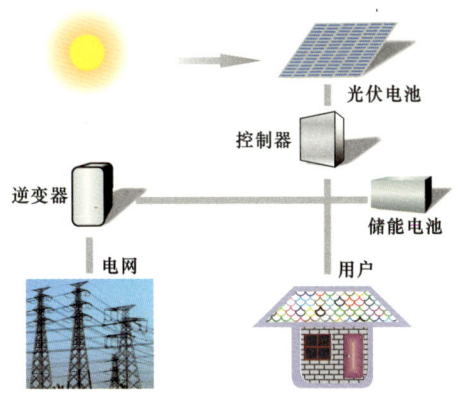

图2.8 太阳能光伏发电

1954年，美国科学家皮尔松等开发出光电转换效率为6%的单晶硅光伏电池，后来人们继续探索效率更高的光电转换材料及光伏电池工艺，逐渐使光伏发电技术实用化。经过数十年的发展，光伏电池的应用已遍及人类社会的每一个角落，从电子计算器的电源到共享单车的智能管理器，从新型太阳能路灯到大规模光伏电厂，光伏电池已成为绿色低碳社会的重要组成部分（图2.9）。

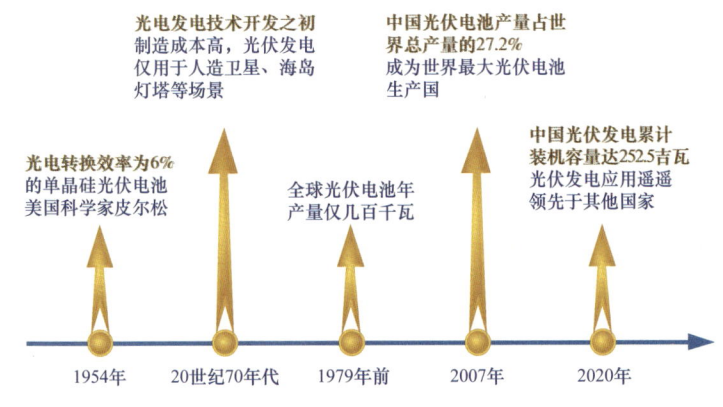

图2.9 光伏产业发展历程

在1979年之前光伏发电技术应用初期，产业发展缓慢，全球光伏电池年产量仅几百千瓦。此后，光伏电池技术的不断突破带动产业迅猛发展，世界光伏产业以每年超过30%的速度递增，成为发展速度最快的行业之一。

中国对光伏发电的研究始于1958年，在最初的几十年，中国光伏技术研究进展不大。20世纪末，中国政府开始重视太阳能利用技术，促进了光伏技术与产业的发展。进入21世纪以来，中国加速了扩大光伏产业生产能力的步伐，在2007年成为世界生产太阳能光伏电池最多的国家。之后，中国持续在光伏产业领域发力，在光伏发电应用方面遥遥领先于世界各国。

2.6　万物一起晒太阳

提起晒太阳，许多人脑海中马上会映出这样的画面：面对碧波万顷、海天一色的美景，在阳光明媚的沙滩上，着装清凉的美女、健壮阳刚的帅哥、满头白发的老人、脚步蹒跚的幼童，都在惬意地享受着日光浴（图2.10）。晒太阳是地球万物最美妙的享受之一，不仅人类乐此不疲，动物也会在"百忙"之中抽出时间晒太阳，树上的猴子、屋顶的猫、山坡上的熊、浮冰上的海豹，都在温暖的阳光下享受着生活的美好。更不用说满世界郁郁葱葱的植物，所有的绿色生命都争先恐后迎接阳光。

图2.10　享受阳光的人们

为什么万物都需要晒太阳呢？太阳光中的每一份光子如同斯诺克台球的主球，阳光照射在物体上的瞬间恰似开球的那一时刻。如果是能量特别高的光子，对应频率为蓝光、紫光、紫外线甚至 X 射线、γ 射线，就像是大力击出的主球，会使目标发生爆裂性的变化。从分子角度来看，就是破坏了分子结构，宏观效果就是晒伤、老化及降解等现象。我们应该感到庆幸，地球厚厚的大气层为我们过滤掉了大部分高能阳光，使我们避免遭受过多的太阳伤害。能量不是特别高的光子，对应频率为黄光、红光和红外线，它们像是以不太大的力度击出的主球，仅能使遇到的目标稍稍活跃起来。以分子运动论的微观视角来看，就是分子运动稍微激烈了一些，宏观的表现就是温度的上升。阳光的能量可以推动分子重组，产生一些重要的生命物质（如植物的光合作用和动物的维生素合成等），阳光的破坏性还可以杀死细菌等微生物，这就是晒太阳的第一大功能——积聚生命物质和促进健康。阳光的能量也可以提升分子的活跃程度，提高物体的温度，这是晒太阳的第二功能，获得温暖。万物热衷于晒太阳多半可以归因于这两项功能。

在新能源时代，人们期待晒着太阳就可以得到充足的能量供应，并探索了各式各样的太阳能利用方法，其中应用最为广泛的就是光伏发电技术。除此之外，人类还发明了太阳能光热发电、光热转化、光化学转换等许多太阳能利用技术。

太阳能光热发电与普通燃煤发电原理完全相同，区别只在于将热源换成了太阳光，因此非常洁净。同时，采用太阳能光热发电技术，避开了光伏发电技术所必需的昂贵硅晶工艺，可以大大降低太阳能发电的成本。而且，这种形式的太阳能利用还有一个其他形式的太阳能转换所无法比拟的优势，即可以利用非常简单高效的储热设施将太阳能存储起来，在夜晚时段释放出所储热量，继续带动汽轮机发电，形成与普通火电同样稳定的电力输出。正像燃煤发电提供热量需要锅炉一样，太阳能光热发电也需要供热装置，普通的阳光只能给人暖洋洋的感觉，热度远不足以支持发电需要。所以光热发电装置需要将多束阳光聚焦于一点，以提高供热能力。人们设计了许多不同的聚光装置，如槽式、碟式、塔式之类，相应的发电装置也多以聚光装置的特点来命名（图 2.11）。

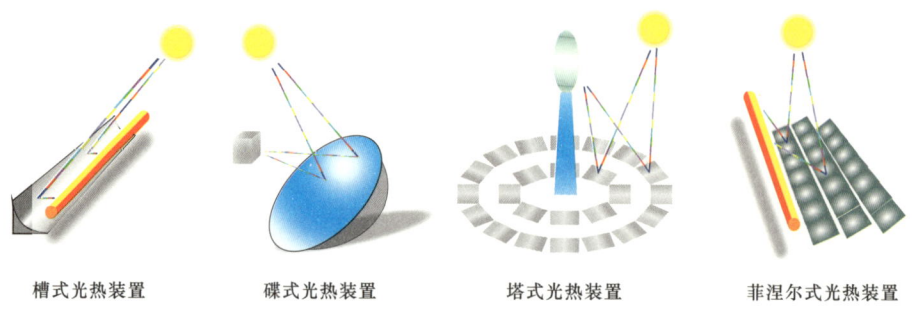

槽式光热装置　　碟式光热装置　　塔式光热装置　　菲涅尔式光热装置

图 2.11　光热装置原理示意图

太阳能光热发电原理简单，但装置相对复杂，所以更适合大规模布置以摊薄投资成本，而且光热发电得到交流电，稳定而方便并网，特别适合大规模集中式供能需求。因此，太阳能光热发电是新能源利用的一个重要方向，它可以大大降低太阳能发电的成本（图 2.12）。

图 2.12　太阳能光热发电

太阳能光热转化是太阳能热利用最基本的方式，其将太阳的热能通过收集装置采集后存储起来，再输送至有热量需求的地方供其使用。利用太阳能光热技术收集到的热能，可以广泛应用于采暖、干燥、蒸馏、温室以及工农业生产等各个领域，其中最典型的应用就是太阳能热水器。

太阳能光化学转换是一种听起来非常高科技的应用，事实上这种应用也早已走进人类生活。长期暴露在阳光下的油漆、塑料、橡胶制品上面会有许多小裂纹，或者失去强度变得酥脆，这类现象的产生，有相当一部分原因是发生了太阳能光化学转换，太阳的能量切断了高分子链条，使材料性质发生退化。与此类似，各种自然界的降解过程也往往有太阳能参与其中，人们由此发明了光催化降解技术，为环境保护增添了新的手段。

太阳能光化学转换最酷炫的应用，当属近年来广受关注的太阳能光解水制氢技术。太阳能光解水制氢不仅可以获得清洁的氢能，同时也可以将间歇性的太阳能存储起来，以一定速率均匀释放而实现调峰效果，应用前景非常乐观。但是在地面正常条件下，阳光很难把水分解成氢气与氧气。这是因为水分子非常稳定，分开它需要较多的能量，而阳光中能量最高的那部分，已被地球大气层中的电离层、臭氧层过滤殆尽，剩余部分的能量较低，不足以直接切断水分子中的化学键。

光催化分解水制氢视频

如果想要在地面条件下利用太阳光分解水，就需要特殊的科学手段，其中利用催化剂光解水就是办法之一。比较常见的催化剂是一类对光敏感的物质，它在光照下很容易在表面积聚相对自由的高能电子，这些高能电子遇到水分子解离出来的氢离子就会与之结合，成为氢原子，并进一步形成氢气分子，这样就可以得到宝贵的二次能源——氢气（图2.13）。为了使光催化分解水的效率更高，人们尝试将催化剂功能与电场功能相结合以进一步促进水的分解，形成了光电解水制氢的方案。这条清洁能源技术路线以绿氢的高效产出为终极目标，特别符合碳中和进程的要求，令世界许多国家的顶级科学家为之痴迷。

光电催化电解水制氢视频

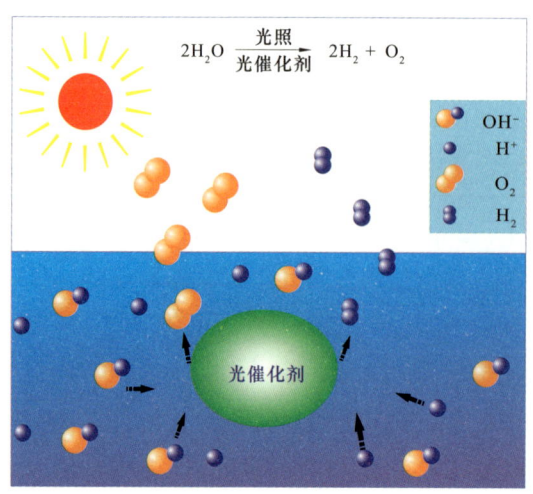

图 2.13 光解水制氢

太阳不停地散发出巨量的能量,大约两小时照射在地球上的太阳能,就足以满足全人类一年的能量消费(按 2019 年世界能源消费值估算)。当然这只是形容太阳能的丰富,事实上,我们不可能把照射在地球上的太阳能都用作能量消费,我们还要为世界上数不清的植物留下足够驱动光合作用的能量,还要留足照亮天空的光,还要留下温暖世界的热。但是,就是非常小的一部分太阳能拿来应用,就可以满足巨量的用能需求。随着科技的发展,各类太阳能转换技术的应用已遍及全球,正在不断改善着整个世界的能源结构,让我们一起"晒"着太阳,走向未来。

2.7 戈壁滩上"种"太阳

戈壁总是给人一种酷烈而枯寂的印象,满地砂石,一望无际,令人绝望。炎炎烈日烤得砂石有如燃烧一般,都可以在上面煎鸡蛋。戈壁的环境就是这样严酷,唯一丰富的只有炽烈的阳光。

如今，太阳能利用技术飞速进步，使茫茫戈壁上的阳光，成为可以为人类所开发利用的宝贵资源。充足的光照能够满足太阳能发电的时长需求，原本的荒凉也成为规避干扰的优势，由此许多戈壁荒滩成了建造光伏发电园区的最佳选择（图 2.14）。

这类地区许多是因干旱少雨、超载放牧而荒漠化，通常具有良好的光照条件，例如青海省东北部的塔拉滩，荒漠范围达数百平方千米，平均海拔 2920 米，光辐射强烈，平均日照时长达 8 小时，特别适合建设光伏发电场。

2011 年，塔拉滩开始建设新能源产业，经过数年发展，已形成太阳能产业、生态环境建设、生态畜牧业发展紧密结合的现代绿色产业示范区，成为中国首个千万千瓦级光伏产业园。批量铺设的光伏板使区域最大风速减小，蒸发量减少，空气湿度增加，土壤涵水能力得到根本改善，满足了植物生长的环境条件，植被因而得以恢复，这种现象在许多光伏园区中普遍存在。由于恢复的植被会影响到光伏设施的安装基础和光照条件，许多园区需要采取措施定期清理过度生长的植物，不仅增加了运维工作量，也增大了光伏电力的生产成本。在塔拉滩光伏产业园区，解决这一问题的方式是将光伏设施的运营与养殖业密切结合，园区在光伏板的下方播撒牧草草种，再通过养殖羊群以平衡草量，数千只羊每年省掉除草费数百万元，同时又是一笔可观的经济收入。如此，园区以牧草作为恢复生态的植被，不仅有效遏制了土地荒漠化，而且恢复生机的植被用来牧羊增加了地方就业。连绵成片的光伏板仿佛满载收获的能量田，悠闲的羊群游荡在成片的绿草之间，仿佛点缀在天空的云朵，不毛之地的茫茫戈壁变成了葱绿的草原电厂。

图 2.14　戈壁滩上的光伏发电

类似塔拉滩光伏产业园的"戈壁太阳"还有很多，中国最大的太阳能光伏发电厂，是位于宁夏中卫的腾格里太阳能电站，占地面积 43 平方千米，可实现 1.5 吉瓦（1 吉瓦 $=1\times10^9$ 瓦）的发电能力。该项目将光伏发电和沙漠治理、节水农业相结合，是全球单体容量最大的跟踪式农光互补光伏电站，还创造了建设周期最短、技术最先进的行业奇迹。

2018 年 8 月底，中国及亚洲最大的塔式太阳能光热发电项目投入运行。该项目位于甘肃敦煌的沙漠边缘，聚集后的温度超过 1000℃，收集的热量储存在塔下的熔盐罐中，用水与熔盐进行热交换，可以产生大量蒸汽，驱动汽轮机产生电力。中国单体规模最大、储热时间最长的导热油槽式光热发电项目位于内蒙古乌拉特中旗，配备 10 小时熔盐储热系统，2020 年 12 月实现满负荷发电。

世界最大的太阳能光伏发电厂"巴德拉太阳能公园"，位于印度拉贾斯坦邦，占地面积约 45 平方千米。截至 2019 年底，已完成装机容量为 2.25 吉瓦的项目建设。该地区高温干燥，日照充足且技术和劳动力成本低，拥有全世界最便宜的太阳能成本（约 1 美元 / 瓦）。此外，为了降低太阳能面板的清理成本，此处采用了自动化的机器人清洁解决方案，即使在最恶劣的条件下也可确保峰值输出。

在太阳能光热发电方面，西班牙是世界之最。截至 2013 年，西班牙已安装了 2.3 吉瓦光热发电项目，这些项目长期稳定运行，每年可以稳定供应 5 太瓦·时（1 太瓦·时 $=1\times10^9$ 千瓦·时）电能。摩洛哥瓦尔扎扎特的 Noor 光热发电项目，是目前全球最大的光热发电综合体，该项目整体投运后产生的电能，足够满足 100 万摩洛哥家庭使用。

自人类学会农耕以来，庄稼、树木、花卉都成为人们种植的对象，人们从中得到粮食、木材、药品等许多资源。如今，戈壁滩上"种"上了光伏板和光热镜，它们也像植物一样，把炽烈的阳光变成人们需要的能量，如同"种"出了新的太阳。

2.8 屋顶上的小电站

原始的茅草屋,通常是尖顶的,主要是为了让雨水能够更快顺着草茎流到地面,防止雨水漏入屋内。后来,人们建筑能力有了提升,开始出现平坦的屋顶。平屋顶造价低、易建造而且节省空间,还兼具一些灵活功能,如晒台、花园和小运动场等。随着科学技术的发展,屋顶上开始出现一些前所未有的物件,有圆圆的铁皮桶、亮闪闪的热水器、各样的天线等。在用茅草铺满屋顶的时代无论如何也想不到,屋顶有朝一日会成为小型发电站(图2.15)。

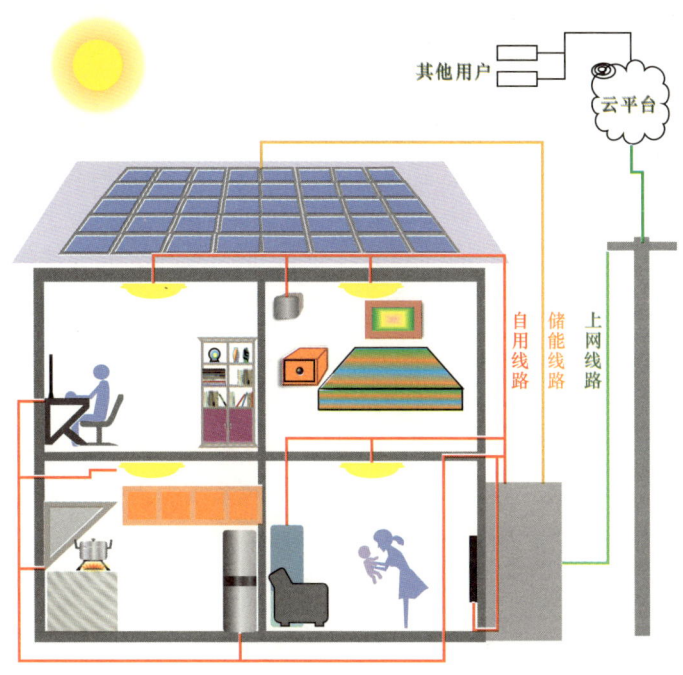

图 2.15 屋顶光伏

进入 21 世纪,光伏技术发展非常迅猛,太阳能电池板的发电能力已经非常出色,足以走进千家万户。在光照条件符合光伏电池板安装要求的地区,不需要占据专门空间的屋顶,成为太阳能分布式发电系统的首选安装位置(图2.16)。

图 2.16　屋顶光伏的安装

> **小贴士**
>
> 并网太阳能发电系统是指将系统连接到电网，所发电力直接入网成为电网的补充；而独立的离网系统则不接入电网，独立解决用户用电需求，由于夜晚没有发电条件，离网系统需要增配储能电池来存储电力以备夜晚用电。

太阳能分布式发电系统可分为并网系统和离网系统。离网系统采用各家各户相互独立的供能方式，不会发生大规模停电事故，缺点是无法抵御大范围的区域灾难且成本较高。如果将电网系统和分布式发电系统相结合，则形成并网系统，大电网与分布式发电系统可以弥补各自的不足，在意外灾害发生时保证持续供电，在电力充裕时出售余电获益，是降低能耗和用电成本、提高系统安全性和灵活性的主要方法。

斯蒂芬斯波辛镇坐落于德国东南部的巴伐利亚州，面积 44.68 平方千米，总人口 3090 人，人口密度较低。截至 2018 年底，小镇人均光伏装机容量 11 千瓦，年发电量近 35800 兆瓦·时，人均发电量 11.6 兆瓦·时，年等效发电小时数约 1060 小时。

日本千住混合功能区域能源互联网项目范围内主要有东京燃气公司的千住技术中心和荒川区立养老院。能源中心利用多种热源，通过控制系统为其设置了优先顺序，太阳热（屋顶光伏）优先、热电联产余热其次。同时，在技术中心和养老院间构建了双向热融通网络。实测结果表明，区域全年节能13.6%，减排35.8%。

美国加利福尼亚州的里士满恺撒医院，在停车场顶部安装了250千瓦的光伏太阳能板，重点还配备了1兆瓦的电池储能系统，可为医院每年减少36.5万千瓦·时的用电量。其中电池不仅可以提供3小时的备用电量，还与智能控制系统连接使设施发挥需求响应的作用。据估算该项目每年可节省约14.1万美元的燃料费用。

连云港青湖镇光伏村是中国建成的第一个并网发电的光伏村，129户居民住宅每家屋顶都安装了太阳能发电系统，采用自发自用、余电上网的发电方式，开创了中国首个家庭分布式发电商业模式。中国杭州建德戴家村建成了杭州首个"光伏村"，31幢楼房62户农户家用光伏发电系统正式并网发电，总装机容量达62千瓦。

电力作为商品上网销售，既可以解决农村、牧区、山区等的供电问题，也可以大大减小环保压力，还可以给居民带来经济效益，随着屋顶电站逐渐推广，越来越多的家庭将会享受到太阳能光伏发电所带来的实惠。

2.9 航天电力能源

1970年4月24日，中国第一颗人造卫星东方红一号发射升空，在夜晚无云的时候，可以用肉眼看到东方红一号从天空飞过，在发射后的20多天内，如果有收音机，还可以收听到卫星播放的《东方红》乐曲，直到21世纪，这颗卫星依然在轨道上运行着（图2.17）。

这颗卫星在轨道上已经飞行了几十年，为什么只有最初的20多天可以

图2.17 东方红一号卫星

播放乐曲呢？提起这个问题就不能不聊一聊航天能源。

在发射东方红一号卫星的时候，科学家选用了当时中国性能最好的银锌电池为卫星供能。根据航行任务的要求，卫星设计了20天的用电量，实际上电池坚持了28天。在此之后，虽然可以观测到这颗卫星，却无法再收听到它播放的乐曲了。

这一事例说明，靠携带电池解决航天能源问题不是最佳方案。美国于1958年发射的先锋1号卫星，选择了太阳能电池板供能，虽然光电转化效率并不高，但可以在太空中持续利用。从这之后，大多数航天设备都采用太阳能电池作为能源。以国际空间站为例，电力来源于由262400块太阳能电池板构成的八组阵列，每组阵列长35米，宽12米，总共覆盖了2500平方米的面积。太阳能的能量密度比较低,必须要有足够大的光照面积,才能满足电力需求。在地面上这些太阳能电池板处于折叠收拢的状态,到达太空后再由专门的机械结构展开。当处于折叠收拢状态时,每个阵列仅有4.6米长,0.5米高。阵列中的太阳能电池板还能绕轴转动,以最佳角度接受光照。国际空间站的所有太阳能电池板可产生84~120千瓦的电力,其中60%用于给空间站中的镍氢电池充电。当太阳能电池板处于地球或空间站自身的阴影中时,则由电池提供需要的电力(图2.18)。

太空中的太阳能电池板是什么材料制成的呢?在21世纪以前主要是晶体硅材料;后来发现砷化镓材料制成的太阳能电池板,在太空中拥有更高的发电效率以及较低的衰减率,于是砷化镓材料取代晶体硅材料,成为太阳能电池板的主流材料。进入21世纪,最高效的产品是多结太阳能电池,由多层磷化铟镓、砷化镓和锗构成,多结太阳能电池的光电转换效率范围为39.2%~47.1%。

图2.18 太空光伏

中国空间站的太阳能电池采用了柔性三结砷化镓薄膜电池，收拢后只有一本书的厚度，体积仅为刚性太阳能电池的十五分之一，大大节省了运载空间。薄膜电池不仅具有体积优势，且耐高温抗辐射，特别适合严酷的太空环境。薄膜电池的光电转换效率特别高，可达 30% 以上，十几平方米的电池供电功率就有 100 千瓦左右，供电能力比国际空间站更强。

太空太阳能电池板所产生的电力，一般有两个用途：一是给各种传感器提供电源、加热与冷却航天器的各种设备；二是用于航天器的电推进。

未来太阳能电池将朝轻量化、高效率方向发展，以尽量降低航天器的重量，增加飞行里程。薄膜太阳能电池、新型电池材料、先进聚光技术等，都是非常重要的发展方向。

2.10 没有阳光怎么办？

太阳有东升西落，天气有风雨阴晴。如果遇到连续的阴雨天气，太阳能热水器中的水温上不去，无法提供洗浴热水；而到了晚上，路边依靠太阳能电池发电的路灯，可能因为没有电力无法点亮。面对不稳定的太阳能，有没有好的应对办法？这就需要储能技术来帮忙，不用再看天吃饭。顾名思义，所谓储能就是把能量储存起来，以备不时之需。

太阳能的利用一般有三种途径：一是直接或间接利用太阳能所产生的热；二是将太阳能转化为电能，利用太阳能产生的电；三是将光能转化为化学能，随处可见的光合作用就是这种形式。其中前两种利用途径需要配套相应的储能技术。

> **小贴士**
>
> 熔盐：多指在不太高的温度（比如几百摄氏度）下就可以呈现熔融状态的盐类，如碱金属、碱土金属的卤化物、硝酸盐、硫酸盐等无机盐。广义的熔盐还包括氧化物熔体和熔融有机物。

直接或间接利用太阳能产生的热时，储能系统主要涉及储热技术。如果我们期望储存热量，就可以在盐类中找到很棒的材料，这就是熔盐。

那么处于熔融状态的盐,有什么独特之处?熔盐具有储热密度大、黏度低、成本低、寿命长和效率高等方面的性能优势,因此是世界上公认的优良传热储热介质。通俗地讲,就是利用熔盐的上述特点,作为热能的载体,实现热能的储存与转移。

熔盐储热系统分为熔盐和蒸汽两个回路(图2.19)。在熔盐回路中,盐在熔盐加热器中被外部热源(太阳能、风电、光电、低谷电力、工业余热等)加热到很高的温度,进入高温罐中把热量储存起来。之后,高温熔盐在蒸汽发生器中把冷水加热成蒸汽,蒸汽再在蒸汽回路中循环,把热能送到用户,放热后的蒸汽变成冷水,再次去蒸汽发生器中吸热。放热完毕后的熔盐温度降低,进入低温熔盐罐中储存,再去外部吸热。

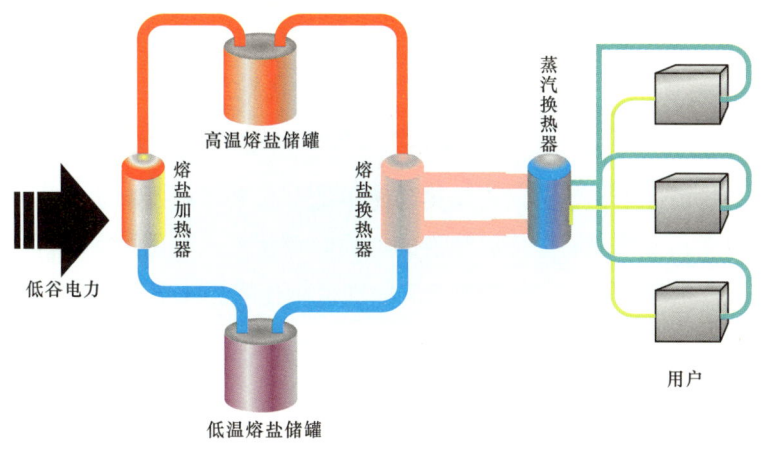

图2.19　低谷电力熔盐储热示意图

也许有人会说,熔盐也不过就是传热储热嘛,本身并没有创造新的能量。是这样的,但储热可以提高能量的利用价值。将太阳能转化为热能储存起来,就再也不怕阴天下雨等天气的影响了。只要储热装置的容量够大,人们便可以随时享受太阳能的温暖。而且,即便是阴天、晚上,也可以利用储热材料,产生蒸汽推动汽轮机发电。敦煌百兆瓦熔盐塔式光热电站,就是应用熔盐储热的一个实例。这个电站年发电3.9亿千瓦·时,使用的熔盐数量大约有3万吨,储热时间约为11小时。

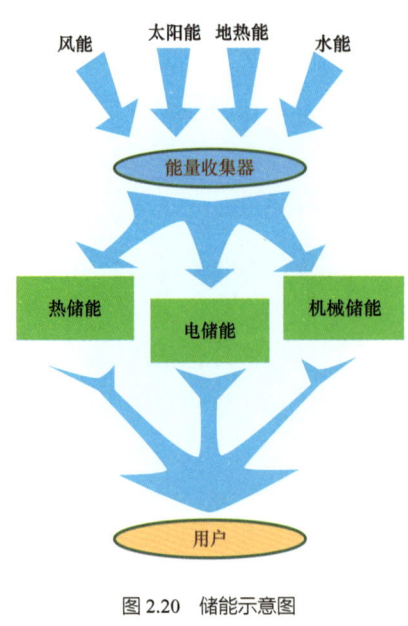

图 2.20 储能示意图

如果是利用光伏效应发电，因为阳光与电力都无法储存，这时只有请出储能电池。当光照较强，或者用电负荷不大时，光伏所发出的多余电力，就通过储能电池储存起来，到阴天或者晚上就能用上了。储能电池是各类储能技术中最有前途的储能方式之一。储能电池的种类繁多，常见的有铅酸电池、锂离子电池、钠硫电池和液流电池等。由于储能电池的加入，到了晚上，清洁的电力仍可以源源不断地输送到千家万户。除了储能电池外，富余的太阳能电力，还可以通过超级电容器、飞轮储能、压缩空气、超导储能等储能技术进行储存（图 2.20）。

在一些情景下，也可以将储热与储电结合起来，利用本来要放弃的电能来加热熔盐，就可以将电能以热能的形式储存起来。视用户需求再将储存起来的热用作供暖，或利用热力发电的原理将储存的热能重新变为电能。

有了储能技术，晚上用能的问题就不再是问题，但是如果遇到连续阴天，较小的储能容量可能就无法满足需求。此外，有些自然灾害发生时，也会干扰太阳能装置的运行。因此，大规模储能技术近年来受到越来越多的认同。未来，如果以大规模储能为供能主体，无论是阴天还是晚上，我们的能量供应都可以得到保障。

2.11 光能利用世界之最

阳光照耀大地和海洋，水汽蒸腾，飘飘袅袅汇成白云，风卷云聚，云化为雨，雨水入溪河而终归海洋。太阳主宰着地球水与风的循环，造就了万物

二　无尽的能源之源——太阳能

的繁盛。在经历了烟尘污染的教训之后，人类也学着直接汲取阳光能量，发明了无数大小不一的光能器件。

世界上太阳能光伏发电量最大的国家是中国。截至2021年底，中国总装机容量超过309吉瓦，约占全球累计装机容量的36%，超过欧洲与美国的总和。中国是全球光伏产业链中心，2021年全球市场份额高达84%，是当之无愧的世界第一。

世界单机聚光面积最大、吸热塔最高的光热电站也位于中国。2019年建成的敦煌100兆瓦熔盐塔式光热电站，设计年发电量达3.9亿千瓦·时，每年可减排二氧化碳35万吨（图2.21）。这座光热电站吸热塔高达260米，由12000面反射镜汇聚阳光的热能，总反射面积达140多万平方米，超级镜子阵列令人震撼。

在法国南部有一处著名景点，叫奥迪洛太阳能炉（Odeillo Solar Furnace），是一座由近万面镜子组成的巨大炫目太阳能炉，自20世纪60年代末投运，一直保持着最大太阳能炉的世界纪录。63块平面镜像向日葵一样随着太阳移动，将太阳光线反射到近2000平方米的抛物面镜上，然后由抛物面镜将光线聚集到一个平底锅大小的圆形区域，产生超过3500℃的惊人

图2.21　敦煌100兆瓦熔盐塔式光热电站

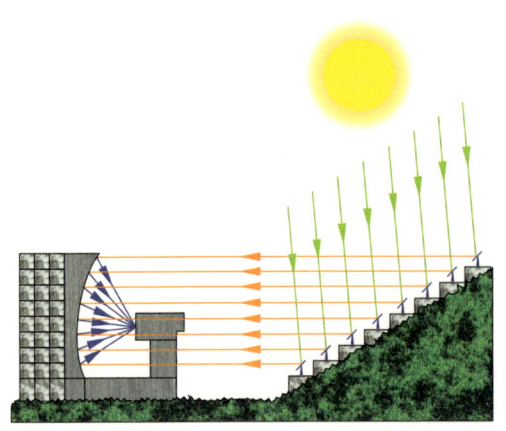

图 2.22　法国奥迪洛太阳能炉原理示意图

高温。我们常说"真金不怕火炼"，实际上只要超过 1064℃ 黄金就能被熔化，熔点最高的金属钨也只要 3380℃ 就变成液体，所以这座太阳能炉能够轻易地熔化地球上的一切金属。因此，这座太阳能炉成为研究高温材料的绝佳设备，为法国科学研究作出了巨大贡献（图 2.22）。

人类总是向往天空，但现有的飞机都要消耗大量燃油才能在天空中自如飞行。不用燃油能不能飞上天空？"阳光动力 2 号"给出了肯定的答案。2016 年 7 月 26 日，世界上最大的太阳能飞机"阳光动力 2 号"成功降落在阿布扎比机场，完成了人类首次太阳能环球飞行。为了安装 17000 多块超薄、高效的太阳能光伏电池板，这架飞机设计了翼展 72 米的机翼，还把机身和尾翼的面积都铺满了太阳能电池。由于采用了极轻且承载力强的材料如碳纤维、泡沫，这架体积几乎与最大的商用客机 A380（79.75 米）相当的飞机质量仅为 2300 千克，这两吨多的重量还包括四架 13.5 千瓦的发动机和 633 千克的锂离子聚合物电池。"阳光动力 2 号"的飞行数据还不够理想：其运载能力有限，仅能搭载 1 人；速度较慢，仅与高速公路上的汽车速度相当；较小的质量与过大的翼展，带来抗风能力差的隐患。即便如此，作为全太阳能飞行的初步尝试，"阳光动力 2 号"的成功仍有积极意义。

相比之下，全太阳能轮船的情况要好很多。世界最大的太阳能船是图拉诺星球太阳号（MS Turanor Planet Solar），由位于德国基尔市的 Knierim Yachtbau 造船厂建造，其中心船体长 30 米，宽 15 米，重约 60 吨，造价 1250 万欧元。图拉诺星球太阳号以总面积达 500 多平方米的太阳能电池板为能量源，船上配备了总重 8.5 吨的锂离子储能电池，全部储能电池需要两天时间才能充满电，所储存的电量可在没有阳光的情况下，保

二 无尽的能源之源——太阳能

证船只 3 天的正常航行。船只的动力装置是两个 60 千瓦的电动引擎,最大航速约 26 千米/小时,可搭乘 50 名乘客。船名中的 "Turanor" 取自畅销小说《指环王》,意为 "太阳的能量"。图拉诺星球太阳号在 2012 年完成了为期 18 个月的环球航行,成为世界最大太阳能船的纪录保持者(图 2.23)。

图 2.23　图拉诺星球太阳号太阳能船

人们都知道荒漠地区非常适合建设大规模光伏电站,却不一定了解在水面上也可以建设光伏电站。全球最大的浮动太阳能发电场,位于泰国东北部乌汶府的诗琳通大坝,总占水面积为 121 公顷,总安装量为 58.5 兆瓦,由中国能源建设集团山西省电力勘测设计院承建。水上光伏电站具有明显的优点:水可以有效降低光伏板的热效应,避免光伏板过热造成光转化效率下降;水上建设不占用土地资源;光伏板覆盖水面减少蒸发造成的水量损失;光伏板遮阳抑制藻类生长,缓解藻类造成的水质恶化。

太阳能量无处不在,太阳能的利用方式变化万千。小小的太阳能电池让手表、计算器省去充电的步骤,随时随地补充能量;太阳能光伏树将户外充电功能与遮阴结合起来,给人们带来极大方便;太阳能电站逐渐取代传统的火力发电站,源源不断地供给绿色电能;如同张开的翅膀一样的太阳能电池阵列,让航天飞行器在太空中遨游,探索神秘的宇宙。洒向世界的阳光,被郁郁葱葱的植物吸收并衍生万物。如今,承接阳光的群体又多了光伏板和聚光镜,它们也像植物一样,把散落在世界各处的阳光变成人们需要的电力、光明、动力和温暖,使人们的生活更加美好。

三 最"风流"的能源
——风能

提起"风流"一词,有人会首先想到"数风流人物,还看今朝",意指丰采与业绩非常优异;也有人会想到"放荡不羁",意指生活态度随便,不守规则。这两种不太相干的意思同时用在风能身上,真是再恰当不过了,风能易于获取、随处可得、蕴藏丰富而又取之不竭,正是能源中的风流翘楚;但是风能又变化万千,随心来去不拘常形,寻之不得却又不请自来,令人爱恨交织。

3.1 古人也识"风"

"解落三秋叶,能开二月花。过江千尺浪,入竹万竿斜。"中国唐代诗人李峤的《风》描写了无处不在的风。风是地球上最常见的一种自然现象。太阳照射下,由于受热而密度变小的热空气向高处升起,造成区域性的低气压,于是四周的空气拥来补充损失的压力,这样快速流动的空气就形成了风,风在本质上都是由太阳辐射热引起的。由于山川的导向和光照的规律性变化,许多地区的风常常具有相对固定的路线,形成季风和信风。各类成风因素相互影响,自然界的风变化万千,有温柔的轻风、暖风,也有狂暴的台风、飓风。风能本身是一种动能,所以在风经常路过的地点用机械装置就可以截取风的能量。风能是一种可以直接转换为机械能的能量,如同水力一样,是人类最先利用的能源之一。

古埃及、中国、古巴比伦是世界上最早利用风能的国家,公元前就开始了对风的观察、记录,并利用风力提水、灌溉、磨面、舂米,用风帆推动船舶前进。在很早以前出现的帆船、风车、风磨、风筝,一直流传至今,是人类对自然风力资源具有创造性开发利用的典型。

三 最"风流"的能源——风能

追溯历史,早在3000年前中国人就已利用风能作为动力推动帆船航行。中国殷商时期的甲骨文中已有"帆"的象形文字,战国时期铜鉴的船纹上也有风帆,这是人类早期开发风力资源的证明。中国汉代刘熙所著《释名》中对帆的解释是:"帆,泛也,随风张幔曰帆",表明中国是较早利用风能的国家之一。在机械动力轮船出现之前,风力一直是船舶航行的主要动力,在人类航海史上占有重要的地位(图3.1)。

风能利用的另一个重要成果就是风车。中国应用风车的历史悠久,在辽阳出土的东汉墓壁画上,已有许多风车图形。风本身的变幻莫测给风能利用造成了许多困扰,虽然原理相近,风能利用却远不及水能利用方便简单。水能的利用可以通过水轮实现,将边缘均匀安装挡水板的大木轮浸在水中小半部分,水流冲刷挡水板,就会带动木轮转动,完成水能的提取。风能的利用却没办法这样做,因为风的无处不在不可能仅将风轮浸在风中一小部分。

人类最善于创造,据说古波斯人在公元前六百多年,就发明了垂直轴风车(图3.2),其关键设计在于用墙壁对来风进行限流,使风力只作用于风车的半侧,这样风车就只能按设计的方向转动,成功地将风驯服为人类的帮手。

图 3.1 海上风帆

中国古代帆式风车比波斯风车先进，由于风帆的设计非常巧妙，不必像波斯风车一样，用墙壁对风进行限流，使用起来更加灵活方便，成熟的应用在宋代已很普遍，一些古人著作中提到中国的风车在秦汉时期就很成熟，但其发明时间尚无法考证，也无实物佐证。

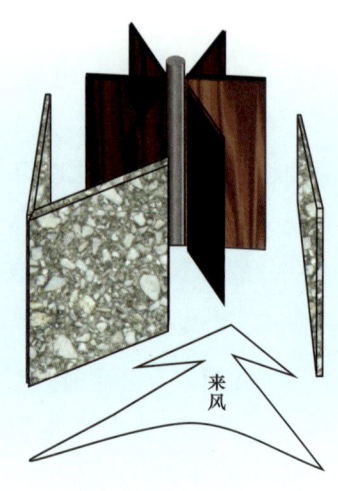

图 3.2　古代波斯垂直轴风车

中国明代科学家宋应星所著《天工开物》里有"扬郡以风帆数扇，俟风转车，风息则止"的记载，表明明代以前，劳动人民就会制作将风力的直线运动转变为风轮旋转运动的风车，在风力的利用上前进了一大步。有了风车提供动力，许多费力的工作都可以轻松完成，磨米、磨面、榨油、提水、纺织等各种规模化生产所需要的动力，都可以依靠风车来供应，极大改善了人们的劳动条件。

10世纪时阿拉伯人用风车提水，13世纪风车传至欧洲，欧洲人改进了风车的设计，形成可调整朝向的水平轴结构。风车在欧洲迅速发展，15世纪前后风车已在欧洲得到广泛应用，并在荷兰大放异彩，所以欧洲的风车常被称为荷兰风车（图3.3）。西班牙作家塞万提斯在其著名作品《堂·吉诃德》描写了骑士与风车战斗的故事，从侧面证明了风车在欧洲的普及。

图 3.3　荷兰风车

生产需求是科学发展的原动力,古人对风能利用的探索和发明,成就了极为丰富的科技文明,也为风能的高效利用积累了宝贵经验。自石油危机以来,在能源枯竭和全球生态环境恶化的双重压力下,风能作为清洁能源再次焕发了活力,成为重要的可再生能源之一。

3.2　风多风少差别大

空气流动所形成的动能称为风能,风能是太阳能的一种转化形式。地球上的风能资源十分丰富,根据相关资料统计,每年来自外层空间的太阳辐射能为 1.5 泽瓦·时(1 泽瓦·时 $=1×10^{18}$ 千瓦·时),其中的 2.5%,即 38 艾瓦·时(1 艾瓦·时 $=1×10^{15}$ 千瓦·时)的能量被大气吸收,产生约 4.3 拍瓦·时(1 拍瓦·时 $=1×10^{12}$ 千瓦·时)的风能。也就是说,风能归根结底来自太阳能。由于地球自转和太阳辐射等原因,地球表面的空气呈现一些大规模的流动，人们将这种大气大范围运动的状态称为大气环流，一些大气环流呈现较好的规律性，对风能利用非常有利（图3.4）。

世界各地的风能分布极不均匀。一般来说，人们不会选择常年大风的区域聚居，所以人烟稠密的地区不会经常刮很大的风。特别大的风多集中于某些具有特殊地形的地区，如沿海和开阔大陆的收缩地带。8级以上风多分布在没有遮挡的海洋区域，如南半球的高纬度洋面和北半球的北大西洋、北太平洋以及北冰洋的中高纬度洋面。陆地上的风一般不超过7级，典型的多风区域包括美国西部、西北欧沿海、乌拉尔山顶部和黑海地区。

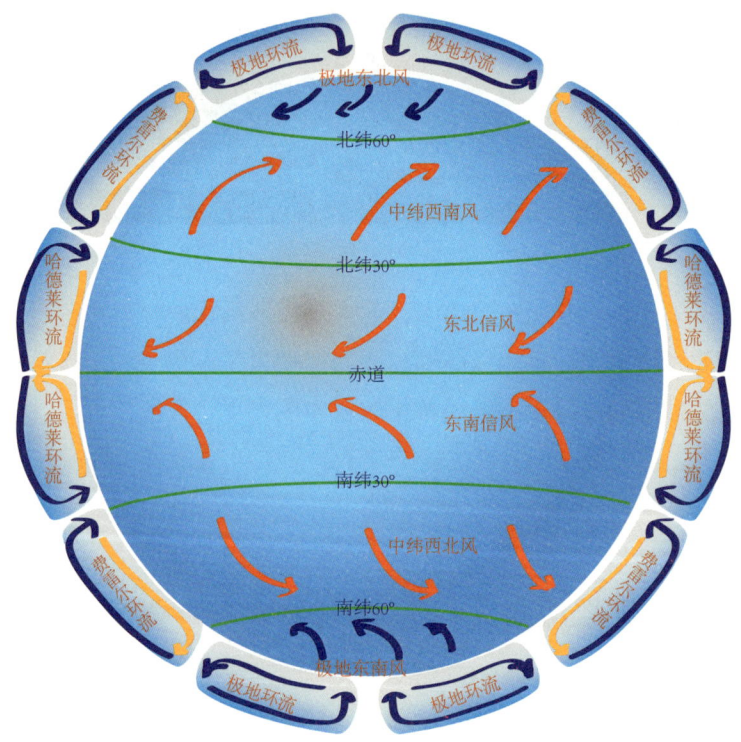

图3.4 全球性大气环流与风带

美国是一个多风的国家，不仅风暴侵袭频繁，还经常出现龙卷风。据统计，平均每年美国境内会形成一两千次龙卷风。如此频繁的龙卷风给美国人的生活打上了深刻的风文化烙印，世界著名童话《绿野仙踪》就描写了一个

三 最"风流"的能源——风能

小女孩,连同她居住的小木屋一起被龙卷风带到仙境的经历。童话当然不能当真,小木屋被卷到天上之后,十有八九会造成屋毁人亡的结果,所以真的龙卷风来袭时,一定要躲到地下室或没有窗户的房间以免受到伤害。在美国龙卷风频发的地区,地下室成为多数家庭的标准配置,一向没有存钱习惯的美国人也不得不准备一份龙卷风基金,用于灾后恢复期间的花销。也有一些富有冒险精神的人以追逐龙卷风为荣,有一部美国大片《龙卷风》描写了一群研究龙卷风的科学家在追风行动中的种种历险。

中国风能资源的分布也并不均匀,在不少地区存在持久而强劲的大风,具有巨大的风能发展潜力。中国风能资源丰富和较丰富的地区主要分布在两大区域带——东南沿海及整个中国北方地区。中国东南部沿海地区与台湾岛,在台湾海峡地区形成独特的狭管效应,而该地区又正处于东北信风带,主风向与台湾海峡走向一致,因此风力在该地区明显加速,风力增大,风能资源丰富,具有较好的风能开发价值。中国北部内陆地区主要包括新疆、甘肃、宁夏、内蒙古、东北三省、山西北部、陕西北部和河北北部地区,这些地区纬度较高,处于西风带控制下,同时冬季又受到北方高压冷气团影响,主风向为西风和西北风,风力强度大,持续时间长,强劲而持久的风形成了多处风蚀地貌(图3.5)。同时这些地区海拔较高,风能衰减小,因此,具有较好的风能开发价值。相比之下,中国东部沿海地区及中部内陆地区风能资源相对贫乏。

图3.5 新疆魔鬼城雅丹地貌(摄影:晓非)

地球上的地理环境具有多样性,在利用风能资源的时候既要考虑风能资源本身的情况,也要考虑影响风能利用的负面因素,特别需要注意的一点是,那些风力资源非常好的地点往往是不宜居住的地点,人类聚集的区域通常不会与风力资源最好的区域重合,因此开发风能资源,不仅要根据风能的强弱分布灵活地制订风力发电方案,还要考虑获得的能量如何分配与传输的问题,将所有的因素全面考虑、统筹安排才能最大程度地利用好风力资源。

3.3 风力越大越好吗?

风力顾名思义就是风的力量,与风的速度密切相关,人们常用风速来定量衡量风力的大小。国际上常用的风力分级标准是"蒲福风级",是英国人蒲福(Francis Beaufort)于1805年根据风对地面(或海面)物体影响程度而定出的风力等级,共分为0~17级(图3.6)。中国气象局也制定了风力强度标准,与国际风力标准基本相当,根据10米高度处风的速度,将风力划分为18个等级:

风速在0.2米/秒以下为0级风;1.6~3.3米/秒的风速对应2级风;风力达到3级以上是风能开发的底线;10级风对应的风速是24.5~28.4米/秒,这个级别的风破坏力已经较大,可将树木连根拔起,普通风机已无法承受该级别的上限风速;12级以上的风都称为台风,其中12级风对应风速为32.4~36.9米/秒,17级风对应风速为56.1~61.2米/秒。风速大于

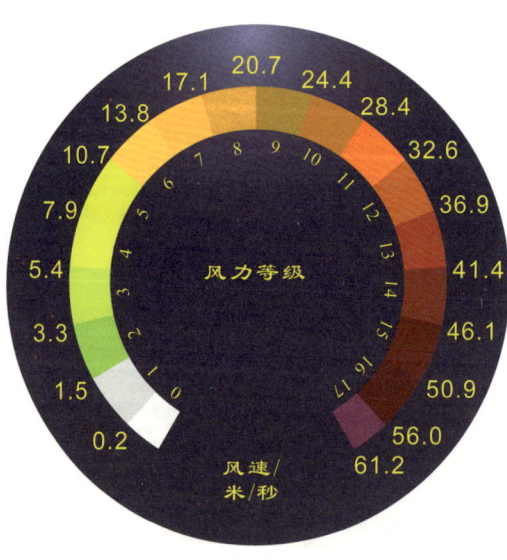

图3.6 风力等级图

三 最"风流"的能源——风能

61.2 米/秒的统称 18 级风,由于在人口密集区域极为罕见,所以并没有更进一步的细分标准。

中国的风力资源较为丰富,尤以三北(东北、华北、西北)地区及东南沿海地区为佳。中国北方地区刚好处于欧亚大陆北部冷高压南下的通道之上,是冷空气入侵的前沿。每当冷锋过境时,中国北方地区常可出现 6~10 级(10.8~28.4 米/秒)大风,形成了丰富的风能资源(图 3.7)。

中国北方地区风能丰富带的风能功率密度通常高于 200~300 瓦/米^2,有的可达 500 瓦/米^2 以上,年均可利用小时数在 5000 小时以上,甚至可以达到 7000 小时。中国典型的风能富集地区包括阿拉山口、达坂城、辉腾锡勒、酒泉等,其中酒泉风能资源总储量为 1.5 亿千瓦,可开发量 0.4 亿千瓦以上,可利用面积近 1 万平方千米,年平均风速在每秒 5.7 米以上,年有效风速时间达 6300 小时以上,年满负荷发电小时数达 2300 小时,无破坏性风速,对风能利用极为有利,适宜建设大型并网型风力发电场。

图 3.7 山顶风力发电

但是，风速大不代表风能功率高，青藏高原海拔 4000 米以上，这里的风速比较大，风能仍属一般地区。因为这里空气密度小，其空气密度大致为地面的 67%，也就是说，同样是 8 米/秒的风速，在平原上风能功率密度为 313.6 瓦/米^2，而在海拔 4000 米高处风能功率密度仅为 209.9 瓦/米^2。

一般而言 3 级风就有利用的价值，但从经济合理的角度出发，风速大于 4 米/秒才适宜用于发电。据测定，1 台 55 千瓦的风力发电机组，当风速为 9.5 米/秒时，机组的输出功率为 55 千瓦；而风速为 5 米/秒时，仅为 9.5 千瓦。为了经济效益，对于兆瓦级风力发电机组，一般选择风速大于 10 米/秒的地点安装。由此可见在一定范围内风力越大，经济效益也越大。

显而易见，并非风力越大越好。由于制造风机的材料强度有限，叶片、轴承等都有一定承受能力范围，为了保护风机，过大的风力是需要回避的。兆瓦级风力发电机组的一般切入风速是 3 米/秒，切出风速是 27 米/秒，切出风速相当于 10 级风的上限风速。这里的切出风速，就是保证风机机械设备不被大风损坏的速度，风速超过切出速度时，出于自我保护设计，风机将收回桨叶停止发电以减少受力面积，有效避免大风吹坏风机组件。27 米/秒切出风速的设计意味着 11 级以上的风力利用还没有在技术上形成突破。

3.4 风力是怎样发电的？

由于电力的使用较晚，早期的风车仅将风能直接转化成机械动力。19 世纪末，美国电力工业奠基人查尔斯 F. 布拉什建造了世界上第一台风力发电装置，其叶轮直径达 17 米，有 144 个叶片。这台风力发电机功率为 12 千瓦，用于为蓄电池充电。几乎同一时期，丹麦气象学家保罗·拉·库尔和苏格兰科学家詹姆斯·布莱斯也在研究风力发电与电力存储技术，并相继建成了风电机组，这些早期风力发电机是风能发电的开端。受限于当时的技术水平和市场需求，之后几十年仅有丹麦发展了一些小型直流风电机，直到 20 世纪 50 年代，在丹麦建成了 200 千瓦的 Gedser 风力发电机，风车才真正步入发

三 最"风流"的能源——风能

电时代。

　　用于发电的风车主要有两类典型结构：一种是垂直轴设计方案，所谓垂直轴指风机叶片转动轴，既垂直于地面也垂直于风吹来的方向，中国古代的帆式风车基本属于这种设计。其优点是结构简单，便于维修，易于小型化且与建筑相容性好，对风向无要求，八面来风皆可驱动；缺点是效率难以提升，启动及速度控制较难。另一种常见的设计是水平轴风机，著名的荷兰风车就属于这种流派，中国流传已久的走马灯也是利用了水平轴风机的原理制造的。水平轴风机是世界主流机型，这种结构的风机转轴方向与风向一致，风能利用效率较高，特别适合设计成大型风机，人们日常见到的风电设施大部分都是水平轴风力发电机（图3.8）。

图 3.8　水平轴风力发电机原理图

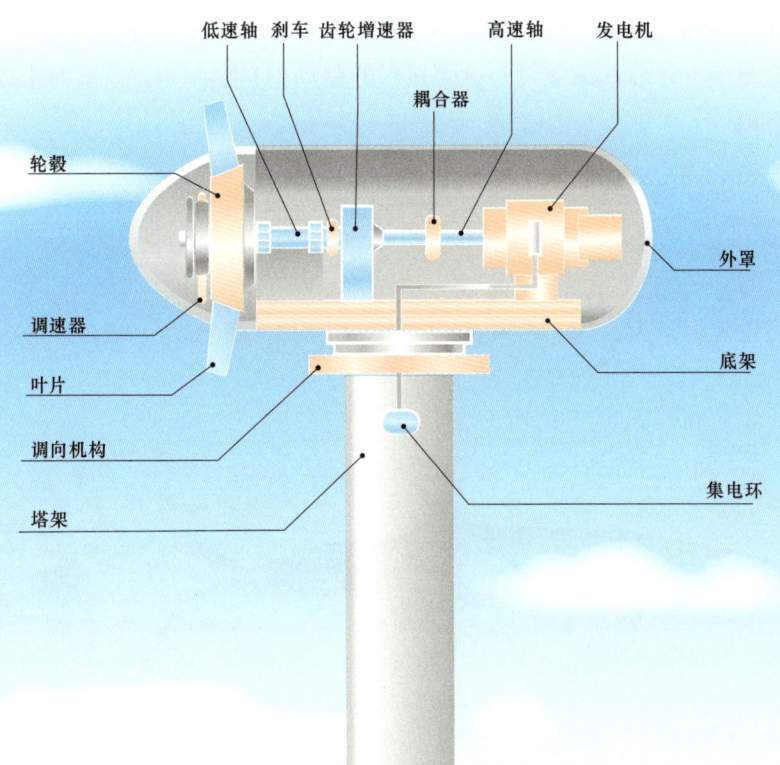

风机要实现动能的提取，叶片的作用最为重要。按照叶片转动的驱动方式，风机可以分为阻力型风机和升力型风机，并由此又衍生出慢速比风机和快速比风机，这些不同的分类就在于风机叶片的工作原理与状态不同。

> **小贴士**
>
> 风机叶尖速比：风轮叶片尖端线速度与风速之比称为叶尖速比，是用来表述风电机特性的一个十分重要的参数。叶片越长，或者叶片转速越快，同风速下的叶尖速比就越大。慢速比风机叶尖速比小于2.5，快速比风机叶尖速比为2.5~15。

最初的风机都是以阻力型为主，其叶片形状宽大平展，主要目的是为了增加受风面积，从而增加提取能量的总量。这类风机提取能量的方式，相当于通过阻挡风的流动而截取风的能量，故称阻力型风机。这类风机叶片可以用轻便结实的帆布制作，为了保持受风面平展，可以将帆布固定在硬质支架上面。日常所见的荷兰风车，叶片有的像木梳一样有好多细齿，有的则像渔网一样分成好多小格子，都是没有加装帆布的叶片支架，真正运行的时候都要用帆布蒙在支架上才能获取能量。这类风机的驱动力是斜向阻挡气流时形成的侧

三 最"风流"的能源——风能

向分力,当叶片转动速度逐渐加快时,相当于面对来风时不停地退缩,叶片转动越快退缩就越快,造成驱动转动的力量越来越小,所以这种风机的转速是不可能太快的,通常这类风机都属于慢速比风机。

为了提高风机的能量效率,人们发明了升力型叶片。这种叶片利用气流掠过叶片时,形成的垂直于气流和叶片的升力推动叶片绕轴转动。由于升力型叶片不易发生驱动力减小的现象,所以可以转得很快,常见的三叶片升力型风机其叶尖速比通常为6,而阻力型的荷兰风车的叶尖速比只有2。当然叶尖速比的提高并不完全靠快速转动,为了增强叶片转动的驱动力,还可以采用加长叶片的办法,大型风机的叶片长度已超过100米,转动的力量非常大,可以带动更高功率的发电机(图3.9)。升力型叶片获取风能的能力比阻力型叶片强得多,以升力型叶片构建的风机能量效率可以达到45%~55%,而阻力型叶片构建的风机效率仅能达到30%~35%。

> **小贴士**
> 贝兹极限:理想情况下风能所能转换成动能的极限比值为16/27,约为59%。

图3.9 巨型风机叶片与人和大型物体对比

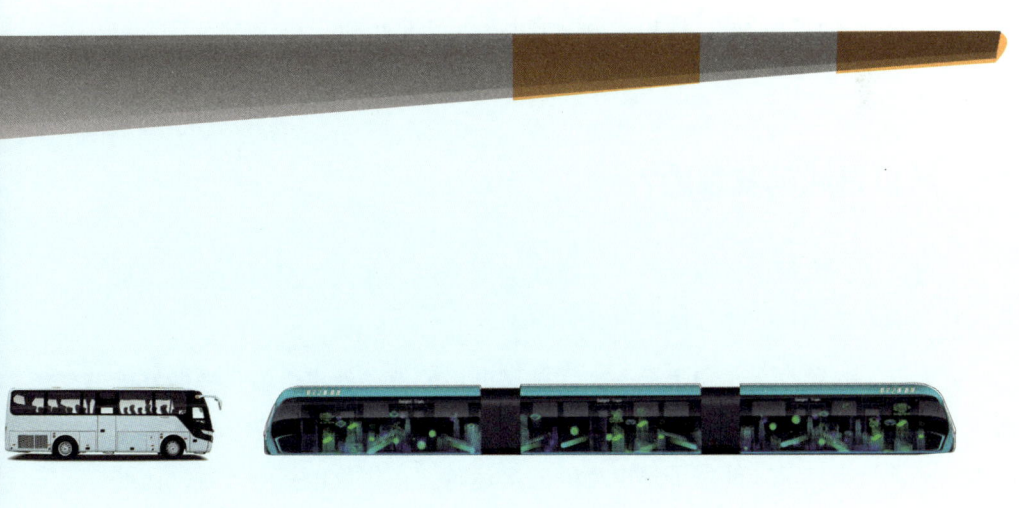

为了更好地收集风能和避免损坏，升力型叶片都是设计成细长的造型。数十米甚至上百米的叶片对材料的要求十分苛刻，只有采用复合材料才能制造出符合风机运行要求的叶片。一般而言，叶片的制造至少需要三种材料：一是骨架材料，通常使用玻璃纤维或碳纤维等高强度材料满足叶片支撑要求；二是形体材料，要求表面光滑，易于成形而又不易变形，通常使用树脂类材料，既易于成形又轻便牢固；三是辅助材料，通过不同功能的辅助材料使叶片成为耐用的整体。目前复合材料风机叶片有四大工艺，分别是空腹薄壁填充泡沫结构合模工艺、闭模真空浸渗工艺、拉挤工艺以及缠绕工艺。

每个风电塔的叶片数量也是需要重点考虑的问题，一叶与两叶结构转速较高，能量效率并不太差，但平衡稳定性不好，器件易在失衡的振动中损坏。四叶以上的结构通常是阻力型风机，为增加受风面积而形成的专门设计，不适合快速比风机的场景。因此统筹考虑风机的效率、成本和安全，大型风力发电机通常会选择三叶片结构，这种结构综合性能最好，既满足了风能利用率，又保证了转动的平衡性和稳定性。

除了叶片和转轴，一个完整的风机还需要配置基座、塔架、机舱、轮毂、齿轮变速箱、发电机以及一些控制与操作系统等部件。根据叶片的设计，匹配合适的其他部件，就构成可以发电的风力发电塔。

3.5 风机是如何安装的？

举目远望，旷野山巅矗立着一个个风力发电塔，在人迹罕至的地方，那些高耸的塔架、细长的叶片是如何安装的呢？

古人云，九层之台，起于累土。安装风电塔的第一件事，就是要做好地面工作。为了获取更多的风能，风机的塔架或塔筒往往高达数十米甚至上百米，必须筑牢地基才能保证风电塔的安全运转。在修筑地基的同时，还要平整好安装场地，风机部件的摆放以及工程车、吊车的施工都需要充足的空间，所以安装场地不能过于狭小。

建造风电塔最麻烦的环节是风机叶片的运输（图3.10）。兆瓦级的风电塔其叶片长度常常有数十米甚至一百多米，而且是运动件，出于寿命和安全考虑，以现有技术水平还无法做成像塔筒一样的组合构件，只能整体成形，于是运输和安装都只能整体操作。如此长的叶片，虽然看起来比较纤细，但其根部附近的直径也有数米。这么大的物体，只有专业的叶片运输车辆，才能保证把叶片稳妥地安放在车上。现有的叶片运输车主要有平板半挂车结合牵引车，或叶片举升—旋转—液压转向的特种叶片运输车两种。

图3.10 运输中的风机叶片

平板车运输叶片通常可以选用普通抽拉式半挂车。这种车通过纵向伸缩来适应不同长度的叶片运输，非常方便地将风机叶片从厂家直接运输到安装地点。不过由于整车超长，对路面的平直度要求很高，不能有急弯和较大的起伏。

叶片举升—旋转—液压转向的特种叶片运输车（简称举升车），车厢装有可控制叶片多维转动的叶片基座，将叶片根部固定在基座上，其余部分悬在空中，在基座的控制下叶片举升转动灵活，可以避开许多障碍。由于叶片大部分悬在空中，对车辆长度的要求相对不高，与普通平板车平直运输相比扫尾面积约减少10倍。以举升车运输叶片能有效地避开高山峭壁、房屋建筑群、树木、电杆等障碍，部分克服了普通平板车辆车身过长，导致道路转弯半径不足等问题，是山地风场最合理的运输方式之一。很多风场都是先通过平板半挂车，在高速段把叶片从叶片厂运输到离风场较近的位置，再通过举升车转运到机位。

无论采用哪一种车辆运输叶片，都属于超限运输，必须符合超限运输法规的要求，制订运输方案的首要工作就是进行详细的路况勘查。要掌握备选路线的限高、限宽、限重、限速和车流密度的具体情况，实测弯道曲度和车辆最大通行长度，了解坡道长度、走向及坡度，如果道路级别较低还要论证道路可通行情况，必要时应制订道路改造方案，路途较远还要考虑夜间行车和中途休息的问题。全面了解备选路线的路况之后，就可以先完成必要的道路改造，再根据道路的特点选择合理的运输车型和行驶路线，制定详细的运输方案。

如果风机设备需要运到特别遥远的地方，或者风电塔的建设地点通过陆路难以到达，也可以考虑采用海上运输或空中运输（图3.11）。

图3.11　准备海上运输的风机叶片

海上运输相对容易，大型船舶可以轻易容纳任何风机组件。但是因为海上风电环境复杂，运输发电机大部件一般先是在近海处的陆地组装基地，将风电机组大部件组装好之后再进行运输，达到节省时间和减少海上工作量的目的。

空中运输一般分为货机运输和直升机运输两种方式。其中体型足够大的货机可以满足风机叶片的装载容积需求，同时飞机飞行平稳，不易对叶片造成损坏，是跨国运输风机叶片的最佳选择。而直升机运输则适用于地形复杂的山地区域，可避免过大的颠簸造成叶片损伤。

建造风电塔最需要注意的环节是现场吊装。需要吊装的大件设备主要包括塔筒、机舱、叶轮等。机舱（或发电机）最重，吊机受力也最大；叶片的受风面积最大，因此对风速要求严格，一般要求吊装的风速不大于8米/秒。风机构件组装对精度要求很高，如果达不到技术标准，可能会造成事故隐患甚至直接损坏部件。

大构件安装完成以后，还要进行配套组件的安装，例如电气照明系统、电缆支架、爬梯及安全绳等，所有构件安装完毕需要进行整机调试，确认各部件均无异常，一座风电塔的建设才算最终完成。

3.6　风机是怎么运转的？

风能是动能，可以推动风机叶片转起来，同时带动发电机转子一起运动，转子内部缠绕的线圈在定子磁铁的磁场中不停地切割磁力线，形成源源不断的电流。所以，风电与水电、汽轮机发电的原理都是相同的，都是以外力推动转子在磁场中运动得到电流。

然而，风与水和蒸汽不同，它"风流"成性，没有办法保持基本恒定。有时候像暴躁的孩子，莫名其妙地爆发一阵子，吹得飞沙走石、日月无光；有时候又像慈祥的婆婆，轻柔地摇动着小宝宝，细微而绵长。风的这种特点给风力发电机的设计和运行带来了许多麻烦。

风力发电机设计最先要考虑的是定向问题，因为即使是在风口区域，也不能保证风吹来的方向完全不变，如果风力发电机固定在某个位置后不能自动调整叶片转动的朝向，只能朝向某一方向，则来自其他方向的风就无法利用，这就需要根据风向调整叶片转动的朝向。调整叶片转动朝向有两类方法，一种是借助风力的被动式机械调整，另一种是测试风向后以电动装置主动调整。被动调整的原理很简单，在叶片转动平面的背面法线方向，加装方向舵就可以保证风力电机的正面朝向风的来向，也可以将叶片与尾舵功能合并设计（图3.12）。

> **小贴士**
>
> 被动式调整装置结构简单，运转灵活，成本低，特别适合小型风力发电机配置，但抗干扰能力差，不适合大型风力发电机的控制。
>
> 主动式调整装置较为复杂，包括风向与风力测定模块、决策与控制模块、动力模块、制动与固定模块等部分。各模块功能通过系统组合形成控制叶片朝向的管理体系，确保风力发电机充分利用各个方向的来风。

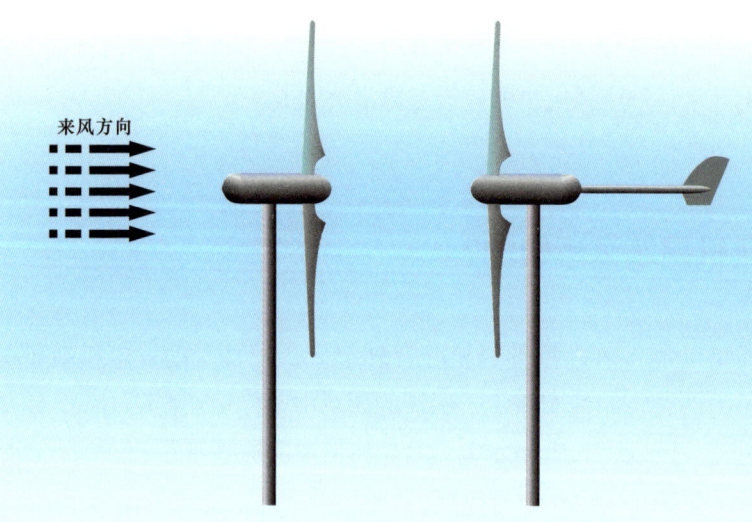

图3.12　被动式风机定向示意图

风力发电还需要重点考虑风力变化问题，与水力和蒸汽发电不同，风力的大小无法人为控制，这就要求风力发电机要具备在不同风力条件下正常发电的能力。由于风力的大小和方向经常变化，造成叶片转速不稳定且转速较低，这种运动状况是不适合进行发电的。为了解决转速问题，通常需要在发电机转子之前，附加一个把转速提升到发电机额定转速的齿轮变速箱和一个调速装置使转速保持稳定。叶片被风力带动得到各种转速，经过提速和定速之后，才把能量传递给发电机，使发电装置均匀运转，风力就源源不断地转变为电力。

风力时刻在变化，虽然已经有了调速装置，但仍然不能保证发电机转速完全恒定在一个数值，故风力发电机输出的是电压为 13~25 伏的交流电。这种波动性电力无法直接使用，需要进行整流处理。另外，考虑到风力经常中断，为了保证电力的持续输出，需要在输出之前设置缓冲功能，通常利用储能装置实现缓冲。具体过程是先将风力发电机产生的电能变成化学能储存在储能电池中，然后用配置保护电路的逆变电源，把储能电池里的化学能转变成稳定的 220 伏交流市电，再平稳地输出给用户。

由于风力发电机得到的电力并不能直接上传到电网，所以发电功率与输出电力的功率并没有必然联系。也就是说，风力发电的输出功率并不完全由风力发电机的功率决定。事实上，在许多情况下大功率的风力发电机的发电效率，还不如小功率的风力发电机。这是因为小功率的风力发电机更容易被小风带动而发电，被持续的小风带动的小功率风力发电机会将源源不断的电力储存起来，长期积累之下，所获得的电力会比一时狂风带动的大型发电机更多。

因此，风力发电机的运转与否，并不代表当时是否正在输出电力，即使无风时人们还是能够正常使用风力带来的电能，储能与发电的合理配置使风力得到充分的利用，为人们提供了可靠的能量供应。

3.7 风机遇到台风咋办？

中国古代有一个"自相矛盾"的典故："以子之矛，陷子之盾，何如？"

如果用"风之矛"对"风机之盾",结果会怎么样呢?尤其是到了台风级别的风力呢?

台风,本质是热带气旋,按照国际惯例,最大风速在12~13级(32.7~41.4米/秒)的热带气旋才叫台风,风速8~11级的热带气旋只能称为热带风暴。可见,台风是比风暴还猛烈的强风。台风的破坏力很强,主要原因是它具有极值风速大、风向变化快、影响区域广、湍流强度高等特点。中国东南沿海地区经常遭遇台风袭击。

风机,是利用风力发电的装置,没有风万万不行。通常来说,风越大能量越高,对发电越有利。但凡事过犹不及,风太大了,也有可能会出问题(图3.13)。

图3.13 台风吹过风电场

首先,材料的强度可能会出现问题,在普通的大风天气,经常遇到树枝被吹断的情况,有时候大树也会被连根拔起。风机也与树木一样,并不具备金刚不坏之躯,抗外力的能力有一定限度,遇到比风暴还猛烈的台风,吹断叶片或立柱的可能性也是存在的。其次,共振也可能是导致问题发生的原因。从设计角度来讲,肯定不会将风机的共振频率,设计到正常工作的频率范围内,所以寻常的风不会使风机发生共振。但台风非常强大且风向与风力又呈现连续变化的特点，碰巧遇到共振频率的可能性大大增加，一旦发生共振，风机就难逃折戟沉沙的命运了。另外可能出现的问题是超负荷，如果在强风中风机没有发生机械损坏，那么它一定会像疯了一样狂转，产生的电流有可能超过设计的负荷，而发生线路熔断，或者发生不同位置的电流击穿。

避免现实当中风机遭遇台风可能出现的上述问题主要有以下方法。

第一计，三十六计走为上。躲开台风区域建设风机。同样的投资，同样的设备，可以把风机建在没有台风的地方，避免台风破坏的同时照样有收益。风机还可以给台风留下打油诗一首："台风任你强，我去逍遥乡。此生不相见，能把我咋样？"走为上计的确有效，但显不出风机的"英雄本色"，不算是最妙之计。

第二计，自强之计。面对台风，风机也可以选择坚强面对。打铁还需自身硬，既然要挑战台风，就要做好充分的准备。可以把风机设计得特别坚固，比如有一种耐风机组，可以承受的极限风速为 70.0 米/秒，有抵抗 17 级（风速 56.1~61.2 米/秒）超强台风的能力。这种风机也可以给台风留下两句诗来表明心迹：任尔东西南北风，咬定发电不放松。

第三计，避其锐气、击其惰归。这一计适用的范围最广，毕竟多数情况下为考虑成本，既不会把风机造得那么结实，也不会完全躲开暴风的袭击。在若干年不遇的台风面前，没有坚强的体魄，普通风机该怎么办？聪明的设计师对此早有准备，在风机控制系统中有三项功能可以专门用来对付台风。一是偏航控制功能，在风速不超过发电极限时，偏航控制功能可以保证风机叶轮正对来风方向，保证受力均匀，充分利用来风的能量。二是变桨功能，如果风力太强，超过风机运行条件，发电机自动脱网，变桨功能使叶片顺桨，就是使叶轮平面与来风方向平行。仿佛侧身一让，避开台风的冲撞。在顺桨的同时将叶片置于自由转动状态，可以改善叶轮受力状况，避免锁定的叶片在台风湍流中发生扭损。三是"弃卒保帅"，在设计叶片时专门将其强度调到可以被台风折断的范围，这样，在强风中叶片折断反而降低了整机的受力负荷，可以避免更大的破坏。

有了以上三条妙计，人们基本不必再担心风机遇到台风怎么办的问题，即使是台风频频到访的沿海地区，也可通过合理的规划设计建设风电场，实现风电系统的平衡运行。

在台风多发的沿海地区，已经建成的风电场还要在运行管理上加强应对台风的措施，及时更换损坏配件、坚持日常检测和台风季到来前后的专项检测，确保风电场可以有效应对台风。

虽然强大的台风会影响风电机组的运行，但大风到来之际，正是风机大显身手之时，亦是风能尽显"风流"之日。

3.8 海上风电

2017年3月，位于丹麦东南海岸的一座风电机组被整体拆除，巨大的叶片和高大的塔筒，还依稀能看出它曾经的辉煌。这是1991年正式投运的全球首个海上风电场——Vindeby海上风力发电场，已经服役了26年，整个运行期间共生产了2.43亿千瓦·时的电能。尽管与后来的大型海上风电项目相比，Vindeby的尺寸与功率都要小得多，但它是海上风电起源的标志，是海上风电产业的"摇篮"（图3.14）。

中国拥有18000千米的海岸线，具有先天的海上风电发展潜能。中国海上风电的发展可以说是"后来居上"。2007年11月，中国海油渤海湾钻井平

台 1.5 兆瓦风电试验机组的建成运行，标志着中国海上风电发展正式开始。由于技术相对落后、缺乏专业运维团队，早期中国海上风电的成本高昂且发展进度十分缓慢。后来在国家政策的支持下，海上风机技术日渐成熟，供应链日趋完善，海上风电产业发展迅速。2019 年，中国成为仅次于英国、德国之后的第三大海上风电市场，新增海上风电装机量已取代英国成为全球第一。

根据风力发电机的所在位置及风机的设计，当代风力发电装机可以大致分为三类：陆上（支撑结构固定在陆地上）、近海固定（支撑结构固定在海床中）和海上浮动式（安装在海床上方的浮动平台上）。海上浮动式风电技术所发挥的重要优势，就是开拓了可开发海域的范围，可以在水深超过 60 米处发电——在这种情况下，固定在海床上的海底安装结构不再可行。

许多行业专家认为，海上浮动式风力发电具有最大的未来增长潜力。这是因为其能够置于离海岸更远的深水域中，该水域具有更为一致的高风速，可以减少发电量的波动，避免附近的涡轮机或发电厂的相互干扰。但海上浮动式风电建设与陆上风电不同，由于其远离海岸，所处的气候条件与陆地相差较大，其技术水平远比陆上风电复杂得多。除了要考虑海上恶劣的自然条件因素（如海水侵蚀、海浪载荷、台风天气等），还涉及机械损伤、电气故障、安装并网甚至国防安全等一系列问题。

随着风力发电技术的不断发展，成本不断下降，海上风电逐渐从近海、浅海向远海、深海过渡，全球海上风电迎来了漂浮式时代。目前海上浮动式

图 3.14 海上风力发电厂

发电项目的发展主要集中在欧洲地区，美国和日本也有项目示范，但尚未有大型浮动式海上风场面世。

2020年，艾奎诺（equinor）公司主导开发的当前全球最大的海上浮动式风电场Hywind Tampen正式开工建设。Hywind Tampen项目距离挪威海岸线约140千米，海域水深260~300米，采用11台西门子8兆瓦机组，总装机容量88兆瓦，将成为首个为海上石油和天然气平台供电的海上浮动式风电场。项目投运后将为5个海上油田供电，满足其年电力需求的35%，每年可使油田减少二氧化碳排放量20万吨以上，相当于10万辆私家车的年排放量。

在较远深海地区利用过剩的海上风能，建造制氢平台，通过风能为电解水提供电能，将电解后的氢气和氧气分别收集，可以得到宝贵的绿氢。绿氢可混入天然气管道中输运（预计可混入20%左右的氢气），运输至现有天然气储存设施中，该解决方案已有成形技术并广泛应用于石油炼化行业。绿氢也可通过压缩储集到特制储罐中，实现储存和运输。

海上风电是能源转型的重要渠道，浮动式平台是最有前景的方案之一，这是因为包括中国在内的许多沿海国家的近海水域已经被占用，而浮动式风电技术让深海海域也能够安装风机，大大增加了风能可利用资源量，为全球多个沿海国家带来长远的绿色电力福利。

3.9　世界第一的中国风电

自20世纪90年代以来，欧洲各国及美日等发达国家纷纷加大风能资源开发利用力度，到21世纪初，短短十几年时间，全球风能发电容量就从数千兆瓦发展到几十吉瓦，增长了近10倍。截至2006年底，世界风力发电总量居前三位的分别是德国、西班牙和美国，三国的风力发电总量占全球风力发电总量的60%。

进入21世纪20年代，风能已经成为许多国家最核心的能源之一，德国、丹麦都是风能利用的大国。德国2020年上半年风力发电量达75.05太瓦·时，占全国发电量的30.6%，陆上和海上风力发电已成为德国最大的能源电力来源。丹麦虽然全国人口仅相当于中国地级市规模，却是世界风能发电大国和发电风轮生产大国，世界10大风轮生产厂家有5家在丹麦，世界60%以上的风轮制造厂都在使用丹麦的技术，是名副其实的"风车大国"。

然而，在中国，风能利用技术的发展比这些欧美国家更快。2005年中国风电还弱小得不值一提，风电总装机容量不到1500兆瓦，到2010年，中国风电累计总装机容量增长了27倍，首次超过美国，跃居世界第一。2020年，中国风电总装机容量已超过全球的三分之一，新增风电装机也实现全面超越，中国陆上风电新增装机容量48940兆瓦，位列世界第一，排名第二的美国仅16913兆瓦；中国海上风电新增装机容量3060兆瓦，一马当先，亚军荷兰仅有1493兆瓦。中国已成为全球风电产业的领跑者。

中国风能利用的发展可以分为早期探索阶段、产业起步阶段、规模发展阶段等三个阶段。1986—1999年是早期探索阶段，从引进丹麦Wincon公司风电机组在达坂城柴窝堡湖畔建立风力发电试验站开始（图3.15），到1999年前后新风公司XWEC-Jacobs43/600千瓦风电机组国产化率达到96%，期

图3.15 新疆达坂城风力场

间中国完成了小规模风电示范和风电利用自主技术的初步探索；2000—2007年是产业起步阶段，以 2007 年金风科技推出拥有自主知识产权的 1.5 兆瓦风机为标志，期间各种激励制度的建立，《可再生能源法》的发布，迅速提高了中国风电开发规模和风电设备制造国产化能力；2008 年以后，是规模发展阶段，政策、法律、制度进一步完善，风电产业迅猛发展，2010 年中国风电累计装机容量和新增装机容量跃居世界第一。2020 年，中国风电累计并网装机容量达 2.81 亿千瓦，占全国发电总装机容量的 12.8%，成为中国可再生能源装机中仅次于水电的第二大能源。

奥特瑞恩项目位于瑞典中部，装机容量 240.8 兆瓦，于 2020 年 12 月 15 日正式投入商业运行。该项目安装 56 台 4.3 兆瓦风电机组，是全球在高寒地区采用的单机容量最大等级的陆上风电机组，也是截至目前中资企业（国投电力控股股份有限公司）在海外投资项目中采用的单机容量最大的陆上风机。

2020 年 12 月 28 日，中国国家风光储输示范工程二期张尚 50 兆瓦扩建项目全部风电工程并网投运，这也是中国首个整装投运的陆上 4.5 兆瓦级风电项目，中国国网风光储公司采用 11 台 4.5 兆瓦机型，作为最后一个 50 兆瓦整装项目的"压轴机型"。该项目将为中国践行"绿色冬奥、低碳冬奥"承诺作出持续贡献。

2020 年 4 月 21 日，在巍峨昆仑山下的青海，全新推出的陆上 D160 风电机组吊装成功。该机组风轮直径为 160 米，刷新当时全球已安装陆上风电机组的最大叶轮直径纪录。

随着现代风力发电技术发展的日趋成熟，大容量机组对减少土地使用面积、降低风场配套设施成本和后期运维等方面具有优势，风力发电机组大型化是全球风电行业发展的大趋势。中国作为世界排名第一的风电装机容量大国，截至 2017 年，风机的平均单机容量仅 2.1 兆瓦，因此在单机大容量装机规模上还要追赶德、美等国家的脚步。

在装机容量不断扩大的同时，中国的可再生能源利用水平也在不断提高，风电行业实现了弃风量和弃风率的持续下降，加快了中国能源行业的高质量发展。中国风力资源储量丰富，分布广泛，陆上可开发的储量为 2.53 亿千瓦，海上可开发的储量为 7.5 亿千瓦。大规模、高集中开发，远距离和高电压输送是中国风电发展的重要特征。在特高压输电网的传送下，超 1000 千米的输电电网电能损耗只有传统高压输电网的千分之一，最大程度上保留了风能所产生的电力资源。

> **小贴士**
>
> **弃风量**：风电场由于技术约束、需求约束等原因，有能力发出但是必须弃掉的那部分风电电量。
>
> **弃风率**：因用电需求不足或电网接纳能力不足而导致部分风机停止发电，这部分应发电量与总装机容量的比值称为弃风率。

出于对能源安全、生态环境、气候变化等问题的日益重视，大力发展风电成为中国应对全球气候变化的重要措施，未来中国的风电装机容量将继续保持高速增长的态势。2015 年提出的《中国风电发展路线图 2050》规划到 2020 年、2030 年和 2050 年，风电装机容量将分别达到 2 亿千瓦、4 亿千瓦和 10 亿千瓦。上述发展速度已经不能满足国家发展需求，在 2020 年北京国际风能大会上发布的《风能北京宣言》提出，为达到与碳中和目标实现起步衔接的目的，需保证年均新增装机容量 5000 万千瓦以上，这预示着未来中国的风电产业发展还将更快。未来，在双碳目标的推动下，中国风电行业的发展前景一片大好。

四 大地的热宝
——地热能

  大地是生命的根基,万紫千红的植物用庞大的根系,从中吸取营养和水分,人类从大地中获取无数资源。你知道吗,大地还是一个巨大的"热宝"。想象一下,当寒冷令人瑟瑟发抖时,如果有一个热宝摆在面前,那是一件多么幸福的事啊,如果我们脚下的大地就是"热宝",感受到幸福的人一定数不胜数。那么大地的热宝究竟是怎么回事呢?且看油博士一一道来。

4.1 地热从哪里来?

地热从哪里来?这个问题还真的不太好回答,因为我们对地球的了解其实非常有限。人类生活在地球上,依托于大地繁衍生息,在女娲造人的远古传说中,人类也是由泥土变来。人类亲身体验的地下深度非常浅:正常的农耕,只会翻动几十厘米的土地;普通的地铁,大概在地下几十米;最深的矿井大概4000多米;而地球平均半径为6300多千米。所以人类在地下的活动区域对整个地球来说,仅仅是处于很浅的表皮而已。借助钻井、地震等手段,人们还可以间接了解地下更深位置的情况。俄罗斯库页岛上的 Odoptu OP-11 油井,其深度达到了12345米,这是目前世界上最深的钻井记录。位于更深位置的信息,只能靠地震等手段推测而得知。所以对于地热来源,较浅的地热资源可以通过实地研究搞清楚,更深位置的地热则只能从理论上加以探讨。

在农耕、建筑、采矿等各种活动的积累下,人们对接近地表的浅部地壳的温度规律已经比较清楚了。人们认识到,地壳最靠近地面部分的温度是受太阳与空气影响的,这一层被称为"外热层",也叫变温层。变温层下面是"恒温层",这一层深度范围为20~40米,温度基本与所在区域年平均温度一致,且常年保持不变。再向下深入,就到了"增温层",随着深度的增加,温度开始上升,一般来说每深入地下100米,温度升高2~3℃,这就是地温梯度。

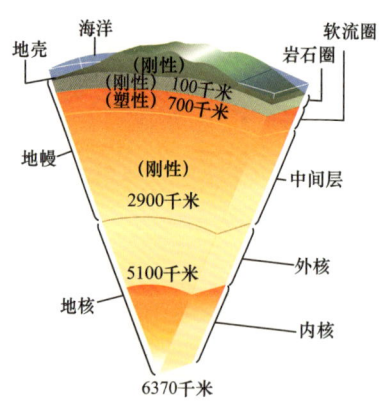

图4.1 地球圈层结构图

地温梯度说明地球内部向地球表面散发热量,只是因为地壳物质传热较差,以及地球内部散发热量越接近地表效率越低,所以我们很难从地面感受到这种热量散发。这些热量从哪里来呢?由于人类还不能够以直接方式深入到地壳以下去实地考察,只能在理论层面进行合理推测,认为地球的结构很像一个鸡蛋,从地表到地心,可以分为地壳、地幔和地核三层(图4.1)。

从理论上推测,地球内部热量有几种不同的来源。第一种是大量的放射性物质在地核中发生剧烈的热核反应,产生了巨大的热量;第二种来源是地球最初形成时残留的余热,理论推测地球刚形成的时候非常炽热,经过漫长的冷却过程才降到当前的温度,而在地心部分,由于散热较慢,目前仍残留着当年的余热;第三种来源是"相变潜热",这种推测认为地球仍在继续冷却中,地球内部液体物质变成固体会释放出大量的潜热;第四种来源是引力势能,地球内部的液态铁由于其密度大,所以缓慢流向地心,这个过程伴随着引力势能的释放,会导致地心温度上升。所有这些推测都有一定的合理性,但并没有确实的证据来证明。另一方面,这些热量来源的总和似乎还不足以达到目前检测到的地球内部热量,在地球内部可能还有未知的热量来源。

地球内部的这些热量要散发出来,就必须透过地壳。如果地壳存在缺陷或裂缝,或者有地下水循环协助,地球内部的热量就会通过熔岩或温泉传递出来。极限的情况是火山喷发,炽热的岩浆通过地壳的缝隙直接流到地表。这些以火山、温泉、地下水循环和热传导等方式在地球表层呈现出来的热量散发,就称为地热能(图4.2)。

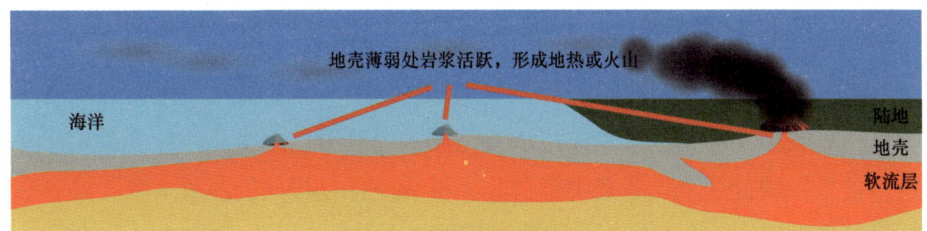

图 4.2 地下热能示意图

因为在不同的地方,地壳的厚度是不一样的,加上地质形成和构造的差异,所以地热能在地球浅表层分布并不均匀。从世界范围来看,地热资源主要分布在五个区域,分别是环太平洋、地中海及喜马拉雅山、大西洋中脊、红海至东非大裂谷、东欧经中亚至远东等五个地热带。由于板块运动等原因,这些地区地壳结构相对薄弱,地下热物质活动易于被地表感知,具有较好的地热资源。

中国地热资源分布也不均匀，主要分布在东南沿海地区、西藏南部、云南、华北、新疆及东北等地区。东南沿海地区属于环太平洋地热带，西藏、云南高原属于地中海及喜马拉雅地热带，新疆和东北地区属于中亚至远东地热带。

20 世纪以来，地热能作为清洁能源之一，受到许多国家的重视，发展速度正在加快。中国地热能利用的发展也很迅速，在能源结构调整中的作用日渐突出。如果地热提取技术实现突破，人们将可以开发地壳更深位置的地热能，那时候地热能应用将更加普及。

4.2 温泉——地温之水

很早以前，人们就开始享受舒适的温泉。东汉学者张衡的《温泉赋》"温泉汩焉，以流秽兮"，描写了温泉洗浴的场景。唐代诗人刘禹锡的诗作《华清词》"日出骊山东，裴回照温泉。楼台影玲珑，稍稍开白烟"，形象地描绘了华清池温泉的景色。明代医学家李时珍的《本草纲目》将温泉称为温汤、沸泉，下有硫黄者主治诸风筋骨挛缩及肌皮顽痹疥癣诸疾，非有病患，不宜轻入。可见中国对温泉的开发利用源远流长。

温泉是一种宝贵的自然资源，属地热资源的一种。温泉集热、矿、水于一体，有较广泛的用途，不仅清洁无污染，而且可以再生。在社会对生态环境日益重视的背景下，温泉中蕴含的大量热能正是极佳的能量来源，温泉热能发电成为现代社会开发利用地热的重要方向，具有十分广阔的发展前景。

> **小贴士**
> 形成温泉的三个条件：（1）地下必须有热水存在；（2）必须有压力差使热水上涌；（3）岩石中必须有深长裂隙供热水通达地面。

当你舒舒服服在温泉中放松身心的时候，有没有想过天然的热泉水是怎么来的呢？通常温泉的出现有两种情况：一种情况是直接型温泉，在地下岩浆活跃区域，热能源源不断地释放出来，加热了周围多孔含水岩层中的水，形成的热水和蒸汽涌出地面，便形成了温泉；另一种情况是间接型温泉，地表的水渗入地下参与地下水热循环，受到地下热源的加热成为热水和蒸汽并窜涌到地表。根据连通器原理，山谷河床成为最易冒出热水的位置，这正是温泉多见于山谷河床的原因。

温泉不仅可以放松肌肉、缓解疲劳，还可以加速血液循环，促进人体新陈代谢。此外，在地下岩层间穿行的热水会溶解较多矿物成分，这些矿物成分对人体健康有一定的帮助，如钾、钙等元素对维持心脑血管健康有很好的作用，也可用于治疗痛风、关节炎；硫黄、碳酸等成分可以软化角质、美白肌肤，是不可多得的自然宝藏（图4.3）。

温泉虽好，但盲目开发带来的环境问题也不可忽视。温泉作为一种地热资源，补充再生速度十分缓慢，大量开采地热水资源会造成水量、水温下降，因此温泉资源的开采需要科学的勘察和合理的规划，以及精心的后期维护，只有这样才能长久地"温暖人心"。

中国是以中低温地热资源为主的国家，将中低温地热温泉直接用于供热、采暖、医疗洗浴、旅游娱乐、养生保健、现代农业温室种植和养殖等，对推动地区经济发展，改善生态环境，提高人们生活质量发挥了重要作用。

图4.3　地表温泉

4.3 "蹦"来"蹦"去的热量

如果只是看到这个标题,您一定会觉得奇怪,热量又没有腿,怎么会蹦来蹦去呢?没错,热量确实没有腿,可是热泵可以成为它的腿,有了热泵帮忙,热量就可以到处乱"蹦"了。

顾名思义,热泵是一种输送热量的装置,它可以把热量从一个地方转移到另一个地方。热泵有许多种,按照提取热量的对象不同,可以分为空气源热泵、水源热泵、污水源热泵以及地源热泵,下面主要介绍一下地源热泵。

地源热泵是一种以土壤、地下水作为热源的热能技术,在气温较低时将地下热能提取出来,供给室内取暖。气温较高时将室内的热量通过热泵系统收集起来,释放到地下,以补充地下热能,保持地下温度的均衡(图4.4)。

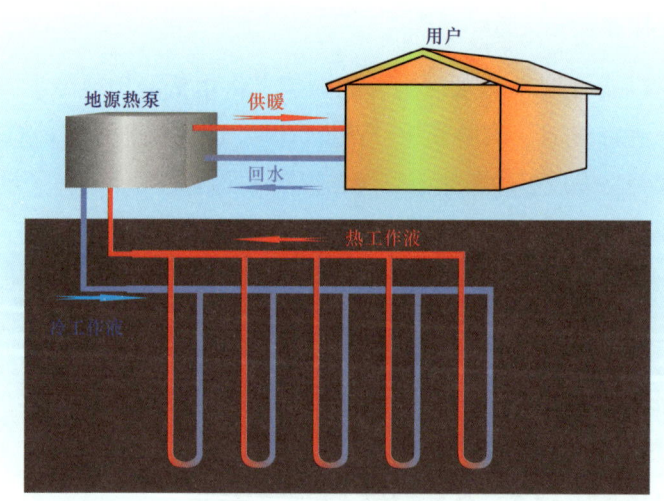

图 4.4 地源热泵原理图

欧美国家地源热泵技术应用较早,2015 年美国累计安装地源热泵机组约 140 万台,2010—2015 年年均增长 10 万台。瑞典、德国、法国、瑞士四国引领欧洲浅层地热能产业发展,地源热泵装机容量占整个欧洲的 64%。

中国浅层地热能利用起步于 20 世纪末,发展速度很快,2000 年利用浅层地热能供暖（制冷）的建筑面积仅为 10 万平方米，2004 年就跃升到 767 万平方米，自 2015 年起以年均 17% 速度递增。截至 2020 年底，中国地源热泵装机容量达 26 吉瓦，位居世界第一。2019 年中国供暖（制冷）建筑面积超过 11 亿平方米，主要分布在北京、天津、河北、辽宁、山东、湖北、江苏、上海等省市的城区，其中京津冀开发利用规模最大。

北京大兴机场地源热泵供暖制冷项目，是中国最大的多能互补地源热泵工程，共建设了 2 个能源站，安装了 8 台地源热泵机组，并分别以蓄滞洪区作为集中埋管区进行施工建设。利用的可再生能源主要包括光伏发电、地源热泵系统、污水源热能利用和烟气余热利用等。初步估算，该系统每年能够提取浅层地热能 563.6 太焦，折合天然气 1735.89 万立方米，相当于每年节省 21078 吨标准燃煤，可减少碳排放 1.58 万吨以上，是真正意义上的绿色节能空调系统。

地源热泵的应用还不止局限在寒冷地区，一些中纬度地区冬季气温较低，也可采取地源热泵为主的浅层地热能利用技术来改善冬季室内温度条件，与普通空调相比，地源热泵供暖的舒适性和性价比更高。

有了地源热泵，热量就像真的长了腿一样，当您觉得太热的时候，一按开关，身边的热量就泵走了；当您觉得有点冷，再按开关，热量又泵回来了。在地源热泵的帮助下，热量可以随您的心意"蹦来蹦去"，让环境永远保持清爽宜人的温度。

4.4 冬天菜篮子——地热蔬菜大棚

"北国风光，千里冰封，万里雪飘"，寒冷的冬天，北方大地被冰雪覆盖，难以见到绿色植物，新鲜蔬菜更是极度缺乏。

以前，每到秋天，生活在中国北方的居民，就开始为整个冬季和早春储存足够五个月食用的白菜、土豆、萝卜、大葱等蔬菜。后来，蔬菜大棚的出现和交通条件的改善，使北方冬季的新鲜蔬菜慢慢多了起来。

蔬菜大棚就是在气候不适合植物生长的季节，为植物提供适合的温度、阳光、水分、养料等条件，使植物可以反季节生长（图 4.5）。冬天市场上售卖的绿莹莹的黄瓜、红彤彤的西红柿等，多是运用蔬菜大棚技术种植的反季节蔬菜。反季节蔬菜极大地丰富了冬季餐桌，并且具有较高的经济价值。

也许有人疑惑，地热与蔬菜大棚有什么关系呢？

人们之所以要设计蔬菜大棚，就是要在寒冷的地区，人工创造一块具备蔬菜健康成长条件的温暖小天地。要创造温暖的条件，地热是再合适不过的帮手了。只要将地下的热能提取出来，就可以任意设计热能的用法，把蔬菜大棚所需要的条件一一落到实处。

图 4.5　蔬菜大棚

如果想要让植物生长得好，首先要熟悉植物生长的最佳环境，然后按照最佳环境对应的各种条件进行合理的安排，这就是蔬菜大棚的设计思想。蔬菜的生长发育受温度、光照、水分、气体、肥料、土壤等影响。设计师可以通过合理安排大棚的结构与配套设施来满足光照、土壤等方面的要求。而解决温度的问题是建设大棚的关键。简单地在蔬菜大棚里生火炉肯定是不行的，虽然看起来气温不低，蔬菜却不能很好地生长，这是因为植物正常生长不仅要气温合适，地温也要合适，如果地温太低，植物的根系就会受到伤害，植物当然长不好。所以蔬菜大棚不仅要控制气温，还要同时满足地温的要求。在有地热资源的地区，可以通过一些埋管把地热输送到植物根系的下方，通过精准的热量控制把地温调节到植物最喜欢的范围，这是依靠火炉或火炕难以做到的。利用地热供暖体系实现蔬菜大棚的温度控制既经济又方便，效果也要比简单的火炉好很多。这是因为地热供暖体系本身就配置了温度监测与控制功能,可以把温度波动减少到忽略不计的程度,远胜耗费人力而又无法保障恒温的人工控温方式。

除了控制温度,地热体系还可以加载湿度调节系统。蔬菜大棚是一个相对密闭的空间,由于植物的蒸腾作用,空气的湿度经常会达到很高的数值,水汽凝结影响光照,过于潮湿也不利于一些植物的生长。如果与外界直接通风,湿度虽然可以有效降低,但温度也会随之下降,造成较大的温度波动,既浪费了能量,又会扰乱植物正常的生长节奏。而地热驱动的湿度调节器,则可以同时回收热量和水分,将大棚内的小气候调节得更适合植物生长。

地热蔬菜大棚清洁低碳,规模效应显著,越是规模大,越是能够摊薄基建成本,是解决寒冷地区蔬菜供应难题的不二之选。有了地热蔬菜大棚,寒冷地区冬天的菜篮子将会更加丰富多彩。

4.5 地面换热与井下换热

地热能的利用本质上是将地下的热量,转移到人们需要的地方。根据地热资源和现实需求的具体情况,这种能量转移可以设计出许多不同的实施方案,以热量提取的位置区分,可分为地面换热与井下换热两大类型。

最初的地热应用是朴素的,人们发现地下会涌出热水后,最直接的想法就是要把热水抽取出来,直接用于供暖、温泉、种植等方面,许多可以采出地下热水的地方,都是把地下热水当作自来水使用。这种地热水利用方式具有简单、便捷、效果好的特点,受到人们普遍欢迎。但是人们很快就发现,地热水越采越少,并不是无穷无尽,于是人们想出将失去热量的地下水,重新回注地下的办法。这样一来,就形成了从地下采出热水,把热量取出后再把冷水回灌的地热利用模式,这种地面换热的开发形式也叫水热型地热开采技术。

把水注入地下需要消耗能量,而且很难保证地下水资源的品质不发生变化。聪明的人们想到另一种开发地热资源的方式，就是直接在地下进行换热，用一种适当的工作介质，把热量从地下带到地面而不去干扰地下水的埋藏状态，这就是无干扰地热开采技术，也就是井下换热技术。

无干扰地热开采技术相比水热型开采技术，能避免开采使用地下热水，对地热水环境干扰较小，对于任何地热井或地下环境均可进行地热交换，而且可持续性较好，是一种典型的分布式能源。这类应用与直接抽取地下热水的开发方式相比，需要更多的技术措施，因此在地热能应用的初期阶段，其发展进程不如水热型的直接开采。

这种局面很快就完全颠倒过来。直接抽取地下热水的方式显然不可持续，如果不回灌或回灌不足，就会破坏地下水资源，造成地下水位下降，甚至引起地面下沉；同时不回灌也会影响热储层的热恢复，导致地热可开采量大幅下降，甚至可能使地热井提前报废。如果回灌，就要消耗大量的能量，也需要更高水平的技术。例如回灌需要找准层位，把水补充到之前抽取的位置（即同层回灌），但水到了地下会流向阻力最小的位置，如果回灌的水没有补充到应该补充的位置，回灌就失去了意义。此外，回灌不当会引起热污染，地下水含有的硫化氢等气体会造成化学污染等。这样一来，地面换热的开发方式就需要增加更多的技术手段，开发难度反而超过了井下换热的方式。

对于干地热井，由于缺乏地下水，必须采用井下换热方式进行开发。干地热井多采用套管式换热器，即外管和内管形成环形通道，循环工作介质由环形通道注入，在下降过程与热储层进行热交换，换热以导热方式为主，到达井底后，高温介质经内管返回地面，环形通道与内管之间设置绝热措施。

井下换热技术通常采用两类装置，一类是"U"形管和螺旋管式换热装置，一般适用于地下水位较低的地热井，管内介质与地热水进行热交换，换热方式以导热和对流换热为主，介质吸热后返回地面，只取热不取水；另一类是重力热管装置，其优势在于通过相变换热的方式进行热量交换，换热系数高，自驱动，无需外界动力。

井下换热技术不仅适合地热资源的开采，也适用于地源热泵的应用。在中国，人们把地源热泵技术与浅层地热能开发技术归为同类，地源热泵的主要用途，以对建筑物的室内温度调控为主。地源热泵技术主要利用地下200米内的恒温层作为热源，一般采用"U"形竖直地埋管方式，只取热不取水。通过地埋管，介质与储层土壤和地下水进行热交换，冬天提取热量，循环介质吸热后汇集到母管，然后进入换热器加热热泵介质，并返回地埋管吸热，完成循环；夏天制冷，循环介质吸收高温废热后由地埋管输送至热储层，加热土壤和地下水，对储层进行热恢复（图4.6）。

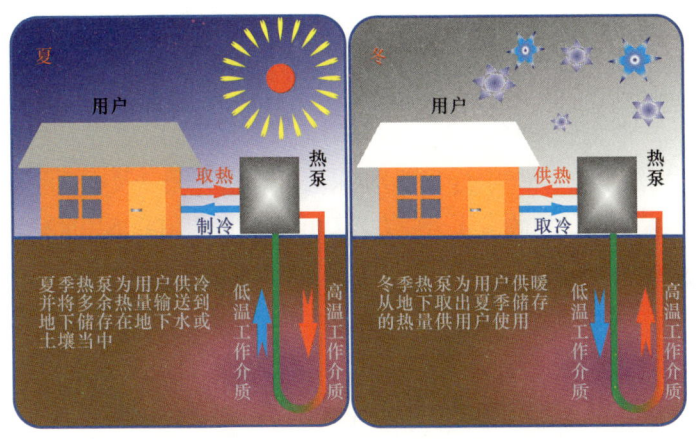

图 4.6　浅层地热供暖示意图

随着对地热资源认识的提高，人们意识到地热水资源并非无穷无尽，只有合理保护地热资源才能做到可持续发展。因此，人们开始严格限制地下热水的开采，正常运行的采出地下水的地热能利用项目被要求必须确保100%实现地下水的同层回灌。地面换热技术受回灌技术的限制开始趋于衰落，井下换热技术获得了更广泛的认同。

4.6　油田变"水田"怎么办？

20世纪中叶，在以王进喜为代表的广大石油工作者的努力下，中国的石油事业得到了颠覆性发展，甩掉了贫油国的帽子。

经过几十年的开采，中国一些老油田进入开发中后期，采出液的含水率越来越高。部分油田生产井产出液的含水率已高达95%以上，从某种意义上说，这些油田已不再是油田，而是"水田"。无奈之中人们也发现，这些采出水往往蕴含较多的热量，如果能够把这些热量利用起来，"水田"也不是那么一无是处，或许可以成为地热田。因此，开发油田地热能，成为资源枯竭型老油田可持续发展的可选方向之一，也成为石油企业能源多元化和能源接替的重要举措。此外油田生产过程中会产生大量的废弃井，如果将其直接改造为地热井，就可以节省大量费用，起到变废为宝的效果。

中国东部地区多个油田，已实施油田地热利用项目，包括利用地热对原油管道加热、清洗油管、油水分离、房屋采暖、温室大棚以及中低温地热发电等（图4.7）。开发利用地热的方式主要有：利用采油过程中分离出的热水直接热利用；利用热泵提升温度后加热管道；将废弃井、长停井改造为地热井，直接开采地热能等。

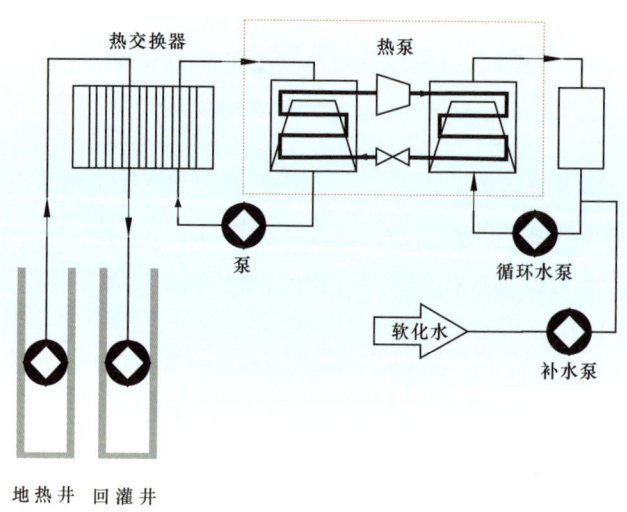

图4.7 油田地热供暖工艺流程图

油田产出水经常是注入水和地层水的混合物，长期与石油伴生，富含多种有机成分和多种化学药剂。油田水矿物质含量特别高，且含有大量的成垢离子，容易造成管道腐蚀和堵塞，即使经过处理，也不像一般的热水型地热资源那样，可以作为供暖和生活热水直接使用。基于上述原因，地热能的开发多采用"取热不取水"思路。利用地源热泵技术可以提取油田产出水的热能，应用于供暖、制冷或发电，达到有效节约煤炭和油气等化石能源、保护环境等目的。

油田普遍存在大量 40～70℃废水，余热回收潜力大，主要用于掺水集输、伴热集输以及驱替原油等方面。废水余热利用，从技术上可分为废水余热直接利用和废水热泵回收余热两种方式。

受废水可取热量以及加热负荷的限制，余热直接利用一般利用废水余热能量加热集输管道，从而降低原油黏度，提高原油流动能力，以节约大量燃料资源。利用大量采出水资源进行原油驱替，可以节约大量水资源，且油田产出水富含热量，可以避免低温注入水对地层造成的冷伤害，防止原油黏度增加，提升驱油效果。另一方面，不同来源的废水当中可能含有某些浓度较高的有用元素，如果采用合适的方法加以提取，也是一条有益的发展路径。

通过以上种种措施，油田虽然变成水田，但不等于变成废田，仍然可以在此基础上实现可持续发展，为中国能源事业作出新的贡献。

4.7 干热岩有颗火热的心

火山喷发是人们了解地球内部情况的重要渠道，从火山口涌出的炽热岩浆让人们了解到地壳之下物质的状态和组成。人们从火山喷发的各种细节推测出，地壳之下充满了炽热的岩浆，地壳运动过程中如果压力不平衡，深处的液体从外壳的裂口喷涌而出。种种迹象表明，地球的硬壳并不均匀，有些地方非常薄而且脆弱，岩浆从这些脆弱地点冲破束缚而形成火山爆发；大部分地壳厚实而坚固，岩浆没有能力穿透地壳，在这样的地壳下面，岩浆在地表下面几千米的位置失去热量变为固态，这些刚刚固化的岩石与下面的高温液态熔岩相连，仍保持相当高的温度，这就是"干热岩"，也叫"火山侵入体"。

干热岩专指蕴藏于地球表层 3~10 千米深处，且温度处于 180~650℃ 的致密不渗透热岩体。干热岩在全球分布广泛，几乎遍布于各大陆板块之下，是一种极具开发潜力的地热资源。干热岩赋存着巨大能量，保守估计是化石能源的 30 倍。干热岩型地热资源埋藏在地壳深处，储热岩体中不存在热水和蒸汽，无法形成水热型地热资源，而且因为埋藏位置过深，岩体所蕴藏的大量热能目前还难以直接利用。

将干热岩体转化为水热型地热田的地热利用方式，称为人工激发。人工激发方法很多，如高压水力破碎、化学爆炸破碎，甚至利用地下核爆炸。通过人为手段使干热岩体产生透水裂隙，然后通过钻孔将地表水送入其中汽化，得到的蒸汽从另外钻孔引出而后利用，这个过程就叫干热岩体激发。地球上的可利用地热能主要储存于干热岩体之中。通过干热岩体激发形成的水热型地热田，称为人工地热田。

地热开发视频

人工地热田开发的原理很简单：将高压水通过注入井注入地下 2000~6000 米的岩层，使其渗透进入岩层的缝隙并吸收地热能量；再通过另一个专用生产深井（相距 200~600 米）将岩石裂隙中的高温水及水蒸气提取到地面；取出的水蒸气温度可达 150~200℃，通过热交换及地面循环装置用于发电；冷却后的水再次通过高压泵注入地下循环使用，整个过程都在一个封闭的系统内完成（图 4.8）。

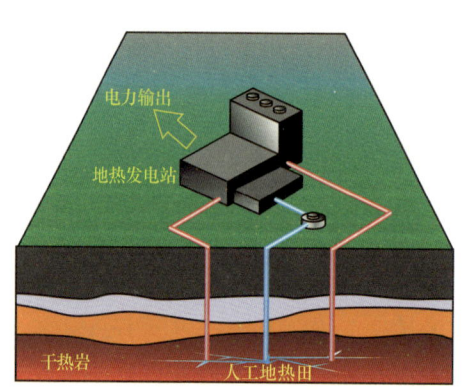

图 4.8　人工地热田示意图

美国是最早进行干热岩开发研究的国家，1974 年，美国就与英国、法国、德国以及日本等联合，在新墨西哥州中北部进行干热岩的研究。20 世纪 70 年代初，中国也开始大规模勘察和开发利用中深层地热资源，2014 年中国科学家在青海共和盆地 2230 米深处发现干热岩体，是中国首次发现可大规模利用的干热岩资源。之后又在河北、山东、东北等地发现多处埋藏较浅的干热岩资源。

目前干热岩资源的开发还面临诸多挑战，比如，相关政策法规尚不完善，开发干热岩面临一定政策风险；干热岩资源情况不明确，勘探工作尚未全面铺开；干热岩开发技术并未完全成熟，对不同地区干热岩的开发有不同的技术细节尚待完善等。干热岩就像是低调的陌生人，外表的冷漠只是自我保护，深处却深藏着一片火热的"心"。当我们对它足够熟悉的时候，一定可以令它敞开心扉，成为人类生活中最好的伙伴。

4.8 中国地热利用之最

在中国，历史最久的地热利用当属温泉，中国的温泉资源特别丰富，全国有数千处各类温泉。云南省温泉数量最多，全省 126 个县共有温泉 400 多处（图 4.9）；台湾省温泉的密度很大，台湾岛内分布着 100 多处温泉。自先秦以来中国一直有利用温泉治疗的传统，许多温泉都有神奇的传说，有的与道士或世外高人搭上关系，有的号称包治百病。20 世纪末，中国大量开发温泉产业，给温泉资源造成了一定损失。这种现象的出现，一方面是由于宣传不当，使人们误以为温泉资源"取之不尽，用之不竭"；另一方面是因为产业发展迅猛，监督管理没有及时跟进。好在各地已认识到温泉资源的珍贵，纷纷采取有效措施进行保护，使那些神奇的温泉可以长存。

地热发电方面，中国最早的地热电站是西藏羊八井地热发电站。西藏当雄县羊八井区位于拉萨市西北约 90 千米处，海拔 4290～4500 米，温泉星罗棋布，地下蕴藏着丰富的地热资源。在这里开发的羊八井地热田是中国最大高温地热湿蒸汽田，也是中国第一个水热对流型高温地热田，面积 17.1 平方千米，每小时可产出温度为 145～172℃的汽水混合物 500～600 吨。

图 4.9　云南腾冲温泉

羊八井地热发电站是世界上海拔最高的地热发电站，也是全球唯一利用中温浅层热储资源，进行工业性发电的电厂。电站装机容量 25.18 兆瓦，截至 2020 年 5 月，累计发电量达 34.25 亿千瓦·时。

地热供暖是地热应用的重要方向，进入 21 世纪以来，中国的地热供暖发展较快，特别是北方地区，以地热取代化石能源实现冬季供暖成为减少碳排放的重要措施。河北、山西、山东等地区地热供暖已初具规模。

其中，河北省用地热替代燃煤供暖，地热供暖区域已扩展到雄县、容城、博野、辛集、东光、故城等 15 个市（县）区，地热供暖能力达 1500 万平方米，雄县更是成为全国首座无烟城（图 4.10）。山西省建设了全国最大的中深层地热能无干扰清洁供热区，供热面积达 2000 万平方米，与传统燃煤锅炉相比，一个采暖季可替代标煤 32 万吨，减少碳排放 86 万吨。这种供热技术的特点是瞄准地下 2000～3000 米深处的地热资源进行开发，取热不取水，不破坏地质层，比传统浅层地热能热泵技术节能 30% 以上，清洁、高效、无污染，可持续利用。

进入 21 世纪，随着可再生能源地位的上升，中国地热资源开发形成了一股热潮，地热开发利用正向综合性利用方向发展。地热发电、蔬菜基地、硼砂加工、地热伴生资源开发这些地热综合利用模式得到广泛认同。地热产业的扩张可以带动城市的发展，公路、街市、商店、餐饮、酒店、旅游、休闲等都随之兴旺起来，也许下一个地热应用的中国之最就是中国最大的地热城市。

4.9 世界地热利用之多

地热是唯一来自地球本身的清洁能源，在地球的每一寸土地下都蕴藏着巨量的热能，这些能量埋藏的位置深浅不一，较弱的浅层地热活动往往形成温泉，剧烈的地热活动则可能造成火山爆发。所以，温泉或火山附近往往拥有丰富的浅层地热资源。

世界上地热资源最丰富的国家是火山之国冰岛，相传冰岛这个名字的来历，是当年岛上居民为了防止外人觊觎这片土地，而故意用冰岛这个名字误导世界。其实冰岛不仅不寒冷，还相当温暖，原因就在于其所在位置具有特殊的地质构造与活跃的地壳运动，这些地质因素造就了几十座活火山，形成了丰富的地热储备，为冰岛提供充足的热能资源（图4.11）。

图4.10　河北雄县无烟城

图 4.11 冰岛最大的间歇热泉

　　冰岛遍布极富利用价值的地热井，87% 的家庭实现了地热取暖，每年可节约燃料开支上亿美元；冰岛地热发电站装机容量超过 600 兆瓦，占国家总发电量近 30%（图 4.12），带动了以铝业为龙头的高耗能产业的发展，使冰岛成为铝业生产大国；冰岛还有大量的地热绿色温室，生产的西红柿、黄瓜可满足国内 70% 的市场需求；冰岛还有地热鱼类养殖、游泳池池水加热、温泉疗养保健、地热烘干海产品、地热能制液态二氧化碳、地热融雪等多种应用方式，充分显示了其地热资源的丰富。

　　意大利是最早利用地热能源发电的国家。与冰岛类似，意大利也位于大陆板块的交界处，境内分布多座火山，地热资源十分丰富。拉德瑞罗地热田位于佛罗伦萨和比萨两座世界名城以南，是世界著名的干蒸汽地热田之一。1904 年，意大利皮耶罗·吉诺尼·康蒂王子在拉德瑞罗设立地热发电项目，采用天然地热干蒸汽发电，1913 年建成地热电站，容量 250 千瓦，是世界最早的地热发电站。

　　如果要选出世界最神奇的地热景观，估计难以定论。但是如果有人说地球上有一处地热景观像月球地面一样，您一定会觉得非常新奇，这个景观就是位于美国阿拉斯加的万烟谷。

四 大地的热宝——地热能

1912年，卡特迈火山猛烈爆发，造成附近地貌巨大改变，原来的火山口变成了湖泊，在附近又形成了新的诺瓦拉普塔火山，同时地表形成数万个孔洞，不停喷出气体和烟柱，有的烟柱高达数百米，万烟谷因此得名。火山爆发导致整个山谷被厚达200米的火山灰覆盖，在数年内寸草不生，满目荒凉。后来火山活动减弱，喷气口也所剩无几，动植物重新开始在这里繁衍生息，但数十年的时间仍无法恢复正常生态，美国甚至将这里作为登月航天员的训练基地，可见当年破坏的严重程度。普通人难以实现登月旅行的梦想，到万烟谷一游也许可以领略一下与月球相似的风光。

世界最大的地热发电站是美国的盖瑟斯地热电站，位于加利福尼亚州的盖瑟斯地热田是世界最大地热田，面积达140平方千米，最高温度达315℃，平均温度也有240℃，1963年开始在这里建设的地热发电站，到20世纪末地热发电总装机容量已达2000多兆瓦，是世界上功率最大的地热发电站。

随着地热应用的推广，未来会有更多新的地热世界之最，这些"之最"越多，人类的能源就会越清洁。

图4.12 冰岛地热发电厂

五　石油天然气工业的好"伴侣"——氢能

　　氢能是一个新鲜事物，虽然人们早已熟知氢气，但把氢作为能源只是最近几十年的新创意。在人们尝试以氢作为能源之前，氢的规模应用多在化工领域，当然也包括石油化工行业。在石油化工流程中，加氢和脱氢是很常见的操作，通过氢的增减，人们可以得到许多重要石化产品，如烯烃、炔烃、高辛烷值汽油等。氢气转战能源领域，也离不开石油化工行业的支持，当前市场上流转的氢气，有相当一部分来源于石油化工生产。另外，成熟的天然气供应体系的装备与经验都对氢能的推广大有助益。无论是现在还是将来，氢能都将是石油天然气工业的好伙伴。

5.1 氢气从哪里来？

随着碳中和的概念在世界范围内得到广泛的认同，氢气和氢能这类词汇越来越多地呈现在人们面前。生活在21世纪的普通人，对氢气的印象多半只有氢气球，对氢气的来历和来源知之甚少。那么氢气到底是从哪里来的呢？

人类日常活动的空间范围内几乎没有氢气的存在，但人类了解氢气的时间并不太晚，18世纪末法国科学家拉瓦锡（Antoine-Laurent de Lavoisier）编制的第一张化学元素表中就已经有了氢的位置。在此之前的漫长时光中，西方学者曾经一直认为世界由地、水、火、风四元素构成，东方文化则有金、木、水、火、土的五行学说，人们普遍认同水是构成世界的基本元素。拉瓦锡在英国科学家卡文迪什（Henry Cavendish）工作的基础上得出氢是一种元素、水是氢与氧形成的化合物的结论，同时也终结了自古流传的水是独立元素的认识。

> **小贴士**
>
> 拉瓦锡（Antoine-Laurent de Lavoisier，1743.8.26—1794.5.8）：法国贵族，著名化学家。发现并验证了质量守恒定律，发现了氧气，提出了正确的燃烧原理，否定了古代四元说和三要素说，提出了化学元素的概念，证明水不是一种元素而是氢氧两种元素的化合物，并列出了第一张元素表，开创了现代化学的基础。
>
> 卡文迪什（Henry Cavendish，1731.10.10—1810.2.24）：英国贵族，化学家、物理学家，古往今来最出色的科学家之一。卡文迪什一生致力于电学、化学研究工作，首次发现了库仑定律、欧姆定律、电介质极化现象、电势概念，通过实验验证了万有引力定律，发现了二氧化碳，预见了惰性气体的存在，发现了制取硝酸的方法，特别值得一提的是，卡文迪什以精确的实验确定了氢的性质，通过氢与氧反应生成水的试验证明了水由氢氧化合而成。

如果有人觉得这就是氢气的来历，那就太过于低估了氢这种元素。事实上氢的踪迹遍布宇宙，是构成宇宙的基本元素，而且直到现今氢元素仍占整个宇宙质量的四分之三。按现代科学的观点，宇宙形成之初只有氢元素，其他一切元素都是从氢开始一步一步演化而来的，氢的诞生比满天繁星的形成还要早得多。在浩瀚的宇宙当中，星系之间的空旷之处常常会被聚集成云的

图 5.1 太空中大量的氢元素聚集成氢云

氢所占据，我们可以用射电望远镜捕捉到这些氢云的壮观图像，有科学家推测，这些氢云在适当条件下会演化成为新生的星系（图 5.1）。

也许大家会产生一个疑问，宇宙中有这么多的氢，为什么地球表面几乎找不到氢气呢？这是因为氢气分子太小了，地球对氢分子的引力不足，氢气分子一旦在地表附近产生，就会很快逸散到高空，最终逃离地球的束缚。20 世纪 50 年代地冕的发现证明了氢逃离地球的过程（图 5.2）。

> **小贴士**
>
> 地冕：地球大气散逸层的别称，主要由氢原子构成，位于地球大气层与外太空之间的过渡区域。地球大气中的水和甲烷被高能光子分解，就会产生氢原子。氢原子的质量很小，地球引力不足以束缚它的运动，在扩散作用驱动下，几乎所有的氢原子都逃向外太空，并在大气层本体之外形成氢原子云，这就是地冕。

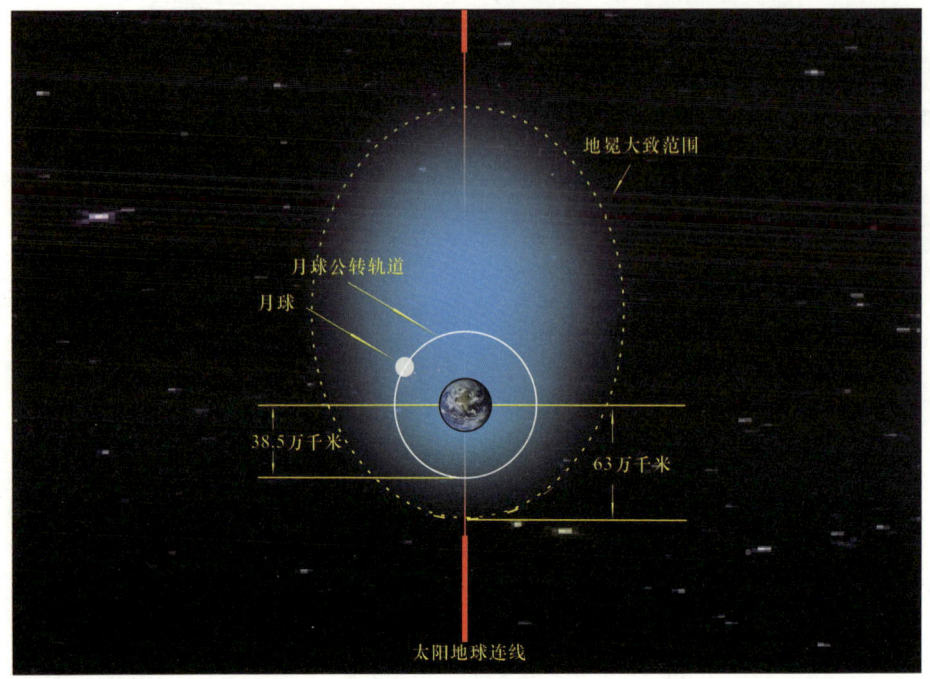

图 5.2 地冕示意图

虽然地壳附近几乎找不到氢气田，但地球氢资源并不稀缺，氢元素可以与多种元素构成化合物，有了较重元素的帮忙，氢元素被牢牢束缚在化合物中，就不再有逃离地球的机会了。氢化合物中最常见的就是水，地球表面近四分之三的面积被水覆盖，而水的质量的九分之一是由氢元素提供的，可见地球氢资源的丰富。在各类有机物中也富含氢元素，煤炭、石油、天然气、各种动植物包括人类本身，组成成分中都包含大量的氢，氢与碳、氧、氮、硫等元素构建了丰富多彩的碳基生命体系。

以可持续的方式（原料来源丰富、无温室气体排放）大规模制氢，是实现氢能广泛利用的前提。由于自然界极少有氢气存在，人们要得到氢只能通过分解含有氢元素的化合物来实现，人们最初发现的氢气正是用金属还原酸中的氢元素得到的。后来，随着研究的深入，人们又发现了更多的制取氢气的方法，主要包括煤制氢、天然气制氢、电解水、工业副产氢等方式，而用酸与金属反应制取氢气的方法虽然简单高效，但成本太高，并不适合工业化生产，仅在实验室中制取氢气时才小量应用。

煤气化制氢是工业大规模制氢的首选方式之一。虽然传统煤气化制氢工艺成熟，但其投资成本大、需用纯氧、气体分离成本高、产氢效率偏低、二氧化碳排放量大。降低煤气化制氢工艺二氧化碳排放的关键在于提高过程热效率、避免复杂的气体分离过程。

$$C(s) + H_2O \longrightarrow CO(g) + H_2(g)$$

$$CO(g) + H_2O(g) \longrightarrow CO_2 + H_2(g)$$

天然气制氢工艺的原理就是先对天然气进行预处理，然后在转化炉中将甲烷和水蒸气转化为一氧化碳和氢气等，余热回收后，在变换塔中将一氧化碳变换成二氧化碳和氢气的过程，这一工艺是在天然气蒸汽转化技术的基础上实现的。

$$CH_4 + H_2O \longrightarrow CO + 3H_2$$

$$CO + H_2O \longrightarrow CO_2 + H_2$$

工业副产氢主要是从氯碱尾气、焦炉煤气、合成氨尾气、炼油尾气中提纯制氢，最常用的是变压吸附技术（PSA）进行提纯。中国拥有大量的工业副产氢，回收利用工业副产氢，可提高资源综合利用效率和经济效益，降低大气污染改善环境。

太阳能制氢是指在催化剂或微生物作用下，利用太阳光分解水制取氢气，是未来绿色制氢的战略方向之一，主要包括太阳光催化分解水、太阳光电催化分解水，以及太阳能微生物分解水制氢，技术处于研发阶段。

电解水制氢视频

电解水制氢是目前应用较广且比较成熟的制氢方法之一。以水为原料制氢的过程是氢气与氧气反应生成水的逆过程，因此只要提供一定能量，则可使水分解，所得氢气纯度非常高。提供电能使水分解制得氢气的效率一般可达到 75%~85%，其工艺过程简单、无污染，但消耗电量大，因此其应用受到一定的限制。

阳极：$4OH^- == O_2+2H_2O+4e$

阴极：$4e+4H_2O == 2H_2+4OH^-$

人们按照生产氢气过程中的碳排放量，将氢气分为"灰氢""蓝氢"和"绿氢"三类。其中灰氢是指来自化石燃料制成的氢气，如煤气化技术制氢，此类技术成熟，成本较低，但是会有很高的碳排放量；蓝氢是指将二氧化碳和清洁高效利用技术相结合而制出来的氢气；绿氢是指利用风能、太阳能等可再生能源制氢，认为没有碳排放或碳排放很少；煤气化制氢加上 CCUS（碳捕集、利用与封存），属于灰氢和绿氢中间过渡的一类氢气。

日本高度重视氢能产业，因受到资源限制而推出多项氢能政策，支持电解水业务发展，电解水占比高达 63%，主要目的是实现"氢能社会"。美国也非常重视电解水技术，重点发展蒸汽重整制氢与电解制氢技术，并通过研发新技术来进一步降低电解水制氢成本。

在化石能源短缺、增收碳税、环境污染等因素共同作用下，可再生能源制氢的成本劣势逐渐被拉平，特别是随着核能和太阳能利用技术的不断发展，在电力更丰富的时代，电解水制氢将占据优势地位。长期来看，灰氢不可取，蓝氢可以用，绿氢是今后的发展方向，规模化可再生能源绿氢将会代替化石能源灰氢。

化石能源储备有限，持续的能源消费需求迫使人类寻找新的能源。国际氢能界认为，解决 21 世纪初人类面临气候变化和能源短缺问题的最优方案是氢能，它将为人类提供足够的清洁能源。

5.2 谈"氢"不色变

氢气被发现之后的最初一段时间,如同一个可爱的婴儿,充满了神奇,人们特别喜欢它。传说英国化学家普列斯特里(Joseph Priestley)就曾用氢气爆鸣现象和朋友开玩笑,他把一个看起来空空的其实装满氢气的杯子靠近火种,"噗"的一声爆响,吓得旁边的朋友惊慌失措,普列斯特里因恶作剧成功而非常开心。德国化学家德贝莱纳通过将制氢装置小型化制成了气体打火机,并将其作为礼物送给自己的上司兼学生——著名文学家、科学家歌德,后来这种打火机在英国和德国一度成为家庭的日用品。

> **小贴士**
>
> 普列斯特里(Joseph Priestley,1733.3.13—1804.2.6):英国牧师、神学家、哲学家、教育家。普列斯特里自学成才,37岁后开始气体化学研究,成为著名化学家。发现氧气、一氧化氮、二氧化氮、二氧化碳、氨、氯化氢等多种气体;在语言学、哲学、化学、物理学等领域留下多部著作。为纪念他在化学领域的成就,美国化学会以他的名字命名了与诺贝尔奖相当的世界顶级化学科学奖。

在人们日常生活中,接触氢气最多的大概要算氢气球,轻盈的气球无论是拿在手里还是不小心脱手逃走,都能给孩子带来无尽的想象,在大型庆典上,人们也经常兴奋地放飞大量氢气球(图5.3)。

图5.3 氢气球

事情的发展往往遵循墨菲定律。氢气也具有两面性,它神奇的一面给人们带来了美好的印象,但另一面则可能会带来可怕的灾难,使人们不禁谈氢色变。造成人们谈

> **小贴士**
> 墨菲定律:如果坏事有可能发生,不管这种可能性有多小,它总会发生,并造成最大可能的破坏。

氢色变的原因是在氢气规模应用过程中发生的一系列严重事故。20 世纪初风靡一时的飞艇曾经是空中霸主,由于氢气非常轻而又易于得到,许多飞艇都用氢作为填充气体,这为之后的灾难埋下了伏笔(图 5.4)。1930 年英国最新式的 R101 号飞艇在法国上空坠毁,瞬间燃起的大火将整个飞艇烧毁,54 名乘员中有 48 人不幸遇难,这场灾难显露了氢气狰狞的一面。但这起事故并未引起人们足够的警惕,德国甚至还采购了失事飞艇的残骸作为兴登堡号飞艇的建造材料,建成后的兴登堡号飞艇全长 245 米,是波音 747 的三倍半,几乎与泰坦尼克号相当,艇身的最大直径有 41 米多,整个气囊容积高达 20 万立方米。由于德国没有氦气资源,只好用氢气来填充这艘超级飞艇。1937 年,载有 97 名乘员的兴登堡号飞抵美国,在执行非正常降落操作时不幸失火,引发的爆炸将飞艇炸成两段坠落地面,残骸不到一分钟就被完全烧毁,36 名乘员不幸遇难。接连的惨痛教训让人们明白,大量的氢气具有相当的危险性。后来,在化工领域也多次发生涉氢操作不当引发的事故,进一步加深了人们对氢气的恐惧,许多国家都把氢气列入危险化学品目录。

图 5.4　曾经风靡一时的飞艇

其实大可不必谈氢色变。氢气的可燃性、爆炸性与天然气和汽油基本相当,氢气的危险级别并不比汽油和天然气更高。我们面对汽油时表现得非常淡定,是因为我们不仅知道汽油有危险性,也知道如何避免汽油带来的危险。自汽车发明以来,拥有汽车的人们事实上与汽油朝夕相处,因为汽油危险而拒绝使用汽车的人寥寥无几。天然气引发的惨烈事故也并不罕见。但这些事故并不妨碍天然气受到世界各国的追捧。为了使能源清洁化,欧洲国家、中国都在建造天然气长输管道,天然

五 石油天然气工业的好"伴侣"——氢能

气早已成为可以接入每家每户的通用能源。

氢气是非常轻的气体，特别容易逃逸到高空，因此就算发生燃烧也不会像汽油一样四处流淌，也不会像天然气一样悄悄聚集在某处潜伏，在人们放松警惕的情况下发生二次灾害。燃烧会加快氢气向高空逃逸的速度，如果在氢气发生燃烧的情况下及时切断气源或彻底敞开空间，氢气所造成的破坏范围，将远小于汽油或天然气失控燃烧造成的影响。只要不把氢气置于可能混入空气的密闭空间，氢气发生爆炸的可能性并不大。

人们对氢气的恐惧可能还来自氢弹，但氢气是氢气，氢弹是氢弹，二者只是同宗关系而已。氢其实是氕、氘、氚三"兄弟"，人们日常见到的氢气绝大部分由氕组成，氘仅占不到万分之二的比例，自然界基本见不到氚。氢弹的原料主要是氘，一般可以认为氢气就是氕气，而氢弹则是氘弹，所以闻氢弹而惧氢气更是毫无必要。

在防护措施不完善的条件下，把大量氢气集中存放的确会造成危险隐患。在诸多惨痛教训之后，人们早已总结形成了氢气安全使用的规程。如氢气储存要采用独立单层建筑；不得在地下室或半地下室设置供氢站；供氢体系的建筑要留足防火间距；用非燃烧体构建隔离墙；远离明火，注意防止静电火花等。氢气的安全规程其实与天然气供应体系的安全要求非常相似。

归根结底，事故源于麻痹，安全来自警惕。氢气带来的潜在危险之所以会变成现实，主要还是因为我们的疏忽。氢气并不是那么可怕，如果我们面对油气的时候没有害怕的感觉，那么，在我们足够小心、足够敬畏的情况下，理应谈"氢"而不色变。

5.3 氢气怎么储存？

许多人小时候都玩过氢气球，刚刚充满氢气的圆鼓鼓的气球，过不了多久就变得瘦弱干瘪，再也没有力气飞向高处。这是因为氢气的分子太小了，小到可以通过气球壁上肉眼看不到的小孔偷偷溜走。不止如此，氢气分子还有穿过钢铁的本事，普通的钢铁容器也不能用来长期保存氢气。那么氢气到底要怎么储存呢？

为了把氢气长久保存起来，人们想了许多办法，开发了两种方案：一种是选用特殊材料制成氢气也难以穿透的容器，另一种是将氢气分子用化学力束缚起来。前者是物理储氢，后者是化学储氢。其中物理储氢包括高压气态储氢、低温液化储氢、物理吸附储氢，化学储氢包括无机材料储氢和有机材料储氢。物理储氢之所以经常采用高压或低温等条件，主要是为了增加储氢密度。

高压气态储氢是一种传统储存方式，将氢气压缩储存在高压瓶当中，一般储存压力的范围是35～75兆帕（图5.5）。该方式具有充放氢速度快、技术相对成熟、常温操作以及成本低等优点。但在氢气压缩过程中，需要消耗大量压缩功，能耗大。由于氢气密度比较低，与储存相同重量的汽柴油相比，储氢所占体积十分庞大，为了避免氢气泄漏或容器破裂，高压储氢通常需要耐压厚重的容器，这些均导致该储氢方式的质量密度较小。近年来开发的由碳纤维外层和铝内胆构成的新型轻质耐压储氢容器，其储氢压力可以达到35～70兆帕，储存氢气与容器质量比可以提高至5%～7%，较之前有大幅度提高，成功进入实用化阶段。

图5.5 高压储氢罐

低温液化储氢是指将氢气在低温高压条件下，利用高压氢气绝热膨胀的原理将氢气液化后，储存在容器中的储氢方式。低温液化储氢具有质量密度高、储存容器体积小等优点，适于储存空间有限的运载场合。目前其质量密度和体积密度可达到 5.5% 和 71 千克/米^3。由于将氢气从气相变为液相，需要消耗大量的冷却能量，理论上液化 1 千克氢气需要耗费 4～10 千瓦·时电能，约占其储存能量的 30%。另外，为了保证氢始终保持在液体状态，防止储存过程中因温度升高导致的气化现象，液氢储存容器必须满足苛刻的绝热条件，这使液氢储存容器的生产技术变得更加复杂，储氢成本也随之增加。

吸附储氢是通过分子间作用力，以物理吸附将氢气储存在大比表面积的材料中，快速吸收和释放氢气的特点，使其成为科研人员的研究焦点。物理吸附材料主要有碳基吸附材料，具有低密度、多孔且大比表面积的优点，主要包含石墨纳米纤维（GNF）、纳米管（CNT）、活性炭（AC）、碳纳米纤维（CNF）和碳等（图 5.6）。碳材料的来源非常广泛，且极限理论吸附量为 7.0%，但研究中发现对于大多数吸附材料不超过 5.5%，且在室温下的性能很差，储氢容量仅有 0.04%～0.46%，因此难以达到车载储氢的要求。

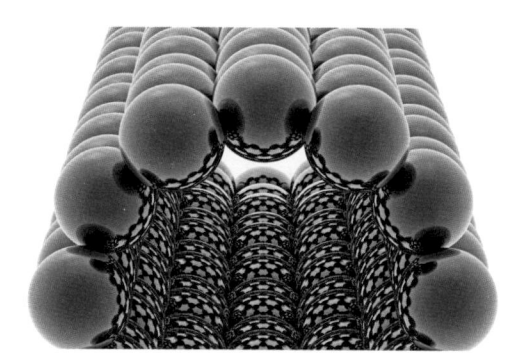

图 5.6 碳纳米管储氢

除了碳基材料外，金属有机框架材料（MOF）、共价有机框架材料（COF）和多孔聚合物等具有孔体积大、比表面积大、骨架大小可调、纯度高及结晶性好等优点，被用于物理吸附储氢。大多数多孔材料非常轻，密度小于 1 克/厘米^3，尽管在低温高压下具有较高的质量储氢密度，但体积储氢密度仍然较低。在常温下，大多数材料的储氢容量小于 1.5%，所以氢气与吸附剂之间较弱的结合强度，是物理吸附储氢需要克服的主要问题。

化学方式储氢是指以氢原子与其他原子形成化学键的形式，储存于化学物质中，具有储氢密度高、安全性好、稳定性好、操作方便等优点，被认为是一种具有发展前景的储氢方式。化学储氢材料主要包括无机金属储氢材料和有机储氢材料，无机金属储氢材料包括金属氢化物、络合氢化物、化学氢化物和复合氢化物，有机储氢材料包括环烷烃、氮杂环、甲酸和甲醇等。

有机液体
储氢视频

其中有机储氢材料通常为液态，因此也被称为液态有机储氢载体（Liquid Organic Hydrogen Carrier，LOHC）。液态有机氢化物储氢技术是利用液态有机化合物可逆的加氢与脱氢反应，来实现氢气的存储与释放，通常具有约 50 克/升的体积储氢密度，且储存、运输、维护、保养安全方便，便于利用现有储油和运输设备，同时具有多次循环使用等优点（图 5.7）。该类材料不仅可以用于氢燃料电池车，更是在大规模储能、长距离氢运输方面具有显著的优势。但这种方法尚未完全成熟，存在脱氢能耗大、成本高等问题。

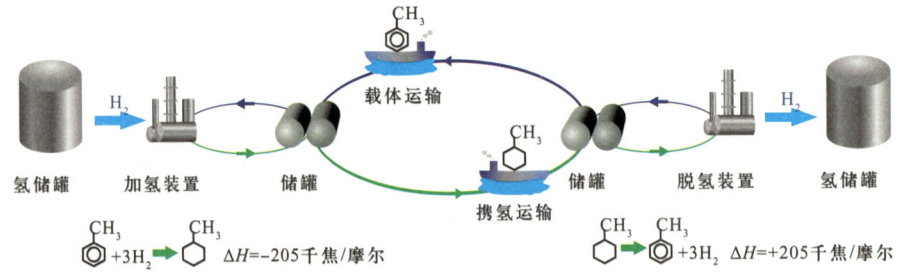

图 5.7　液态有机载体加脱氢示意图

各类储氢技术都存在各自的局限，完美的储氢技术尚未出现，如果未来能够解决氢的低成本高密度存储问题，氢能的应用将会打破瓶颈，真正实现全面推广。

5.4　氢气怎么运输？

氢是一种密度很小的物质，特别是气态氢，即使加到很高的压力，仍然密度较低。这个特点给氢气的运输带来了较大的困难,无论采用什么方式运输氢气,都要面临氢气有效运输质量太小的困境。市场上可用的氢气运输方式有三种,分别是氢气拖车、氢气管道、液氢罐车。

长管氢气拖车由动力车头、整车拖盘和管状储存容器三部分组成,其中储存容器是将6～10个大容积无缝高压钢瓶,通过瓶身两端的支撑板固定在框架中,用于存放高压氢气。长管拖车在技术上已经相当成熟,是国内最普遍的运氢方式。由于氢气密度很小,而储氢容器自重大,所运输氢气的重量只占总运输重量的1%～2%。因此长管拖车运氢只适用于运输距离较近(运输半径200千米)和输送量较低的场景。

低压管道适合大规模、长距离的运氢需求(图5.8)。由于氢气在低压状态(工作压力1～4兆帕)下运输,相比高压运氢能耗更低,但管道建设的初始投资较大。全球管道输氢已有80余年历史,美国、欧洲已分别建成2400千米、1500千米的输氢管道。目前,中国已有多条输氢管道在运行,但与油气管道相比差距仍然巨大,如中国石化洛阳炼化使用的济源—洛阳的氢气输送管道全长为25千米,年输气量为10.04万吨;乌海—银川焦炉煤气输气管线全长216.4千米,年输气量达16.1亿立方米,主要用于输送焦炉煤气和氢气的混合气;巴陵—长岭输氢管道全长42千米,投资额1.9亿元。长远来看,管道输氢是建立氢能供应体系的关键,也是解决可再生能源消纳难题的有效手段,将会与氢能体系建设同步发展。

图 5.8　氢气管道运输

液氢罐车运输系统由动力车头、整车拖盘和液氢储罐三部分组成。液氢罐车运输效率更高，但液化过程能耗大。液氢罐车运输是将氢气深度冷冻至 21 开尔文液化，再将液氢装在压力通常为 0.6 兆帕的圆筒形专用低温绝热槽罐内进行运输的方法。由于液氢的体积能量密度达到 8.5 兆焦/升，液氢槽罐车的容量大约为 65 立方米，每次可净运输约 4000 千克氢气，是气体氢拖车单车运量的 10 倍多，大大提高了运输效率，适合大批量、远距离运输。但缺点是液化氢气的能耗较大，液化相同热值的氢气耗电量是压缩氢气的 11 倍以上，并且液氢储存、输送过程中均有一定的蒸发损耗。

以上氢的运输方式各有优缺点，尚未形成完美的方案，这也是制约氢能发展的重要原因之一。因此，人们仍在探索更经济高效的运氢模式，未来根据氢需求量与运输距离的不同，不同的氢气运输模式会协同多元化发展。

5.5 加氢站如何运转？

在"碳达峰、碳中和"目标下，燃油汽车仿佛一夜之间失去了荣光，而电动汽车成为人们眼中的新贵。但是，在目前的技术条件下，电动汽车的续航能力成为备受诟病的槽点，在此背景下，燃料电池汽车打出了 3 分钟充能的"大招"，意图以此优势压制储能电池汽车的发展势头。于是，加氢站作为氢能大规模应用的关键性基础设施，走进了人们的视野。

加氢站的运转模式与加气站相仿，按照氢气获取方式可分为站内制氢加氢站和外供氢加氢站两种。站内制氢加氢站是在加氢站内建设制氢设备，比如天然气重整制氢或电解水制氢，相当于配置了一座小型化工厂（图 5.9、图 5.10）。站内制氢具有自主灵活的特点，许多国家都采用这种模式建设加氢站。但由于其建设标准高、投资大，很难做到简单高效，难以普及。外供氢加氢站采用管道输送、液氢罐车运输、氢气长管拖车运输等多种方式实现供氢目的，由于缺乏输氢管道，实际操作当中几乎都是采用罐车运输。

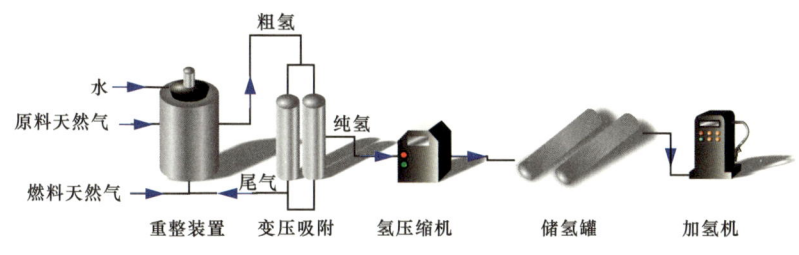

图5.9 天然气重整站内供氢加氢站流程示意图

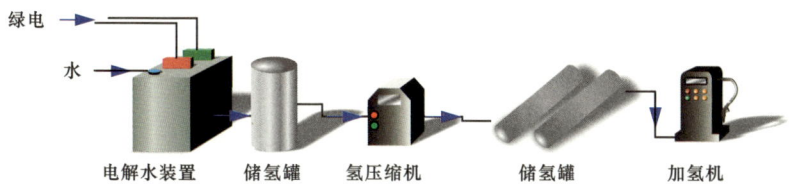

图5.10 电解水站内供氢加氢站流程示意图

完整的加氢站通常由制氢系统（站内制氢加氢站）或输送系统（外供氢加氢站）、调压干燥系统、氢气压缩系统、储氢系统、加注系统和控制系统组成，其中氢气压缩系统、储氢系统和加注系统是核心装置。由于氢气密度特别低，加氢站必须配置氢气压缩机，以实现氢气加压存储。氢气压缩机的费用往往可占全站投资的30%以上。为了更好利用氢气的压力以降低成本，加氢站内常常设置多个压力级别不同的标准储氢罐。直接为汽车充氢气的是低压罐，当低压罐中氢气压力降到安全值后再将高压储罐中的氢气转移进来。

由于氢气的穿透性强且易燃易爆，对加氢机的承压能力和安全性的要求，也远远高于普通加气站的加注设备。加氢站的建设要求非常严格，从建设过程中的选材，到消防设施的配置，以及站内安全措施都要高标准，同时还必须配备专门的防静电、采暖通风、防雷电等配置。为了更好保障加氢站安全，通常把站内区域按照危险等级划分为不同权限的小区域，一般常分为生产区、操作区和服务区，不同区域设置明显标识。生产区包括卸车区、压缩机区、储气区，操作区包括加注区、加氢机区，服务区包括值班室、便利店、卫生间等无氢区域。生产区非工作人员不得入内。

车辆加注氢气最多需要 5 分钟，加注期间车上人员须在服务区等候，加注氢气操作由专门的加氢员完成；付费在服务区完成，进站人员不可以吸烟或进行其他产生明火的行为，站内有多处静电卸放柱，进入站区人员必须首先放电，遇有雷雨天气不得进行卸车、放空及加氢操作，涉氢操作前必须先释放静电；不得敲击站内物品防止产生火花。

加氢站是氢能发展利用的关键环节，是为氢燃料电池汽车提供氢气供应的场所。当前加氢站的建设还未达到像建设加油站那样容易，主要还是因为氢气仍属于危险化学品管理范畴，已有的加氢站多是研究与示范类型。另外，由于氢气的特殊性质，加氢站配置的许多器材需要满足某些特殊要求，要选用相对昂贵的材料制造；同时，加氢站的空间不宜拥挤。受种种因素的影响，加氢站建设非常昂贵，当前尚无有效办法降低建设成本。将来，随着氢能的市场规模不断扩大，制约加氢站发展的关键问题会慢慢得以解决，足够数量加氢站投入运行将提高氢能产业配套能力，使氢能产业链逐渐走向成熟。

5.6 大显神通的"氢"功

氢气作为一种能源载体，可以通过多种方式转化为有用的能源形式，包括在各种发动机中作为燃料直接燃烧产生动力，在各类炉具中燃烧产生热量，通过电化学转化产生电能，以及通过与金属等物质结合转化为化学能等。

氢气作为燃料的历史已经非常悠久。早在第二次世界大战期间，液氢作为推进剂用于火箭发动机上；1970 年阿波罗号飞船登月，也是用液态氢作为燃料。氢具有自重轻、热值高、零排放的特点，这对于航天燃料显然是非常有利的性质。同样的，在民用客机上，氢也可以说是最清洁、最经济的选择。2020 年 9 月，美国 ZeroAvia 航空公司改造的一架六座飞机在英国成功完成试飞，这是全球第一架商用氢燃料飞机；空客公司也在同期发布了三架搭载氢燃料推进系统的零排放概念机，预计到 2035 年，人们便可感受到全

五 石油天然气工业的好"伴侣"——氢能

新的搭乘体验了。自 20 世纪 70 年代以来,德国、美国、日本、中国等纷纷加入了研发氢内燃机的行列,德国宝马公司在 2007 年推出了首款家用氢动力汽车 Hydrogen 7,虽然普及度并不高,但也让汽车公司看到了氢燃料用于家用车的广阔前景。

氢燃料电池技术具有清洁、稳定、效率高的特性,随着技术的不断成熟而得到日益广泛的认可,非常适用于建造大、中型电站和分布式电站。对于电网的削峰填谷和消纳风、光等可再生能源的不稳定电力,氢燃料电池是非常好的解决方案,还可以进行余热回收实现冷热电三联供(CCHP),进一步提高能源利用效率。氢燃料电池在交通运输领域的应用也得到推广,与电动汽车相比,燃料电池作为供能系统能够实现更长的续航、更短的"补给"时间,并且实现零排放(图 5.11)。在大型长途重卡、中型货车/轻卡、叉车、大客车、城市公共汽车等领域具有较强竞争力,未来需求也会逐渐转向家用。丰田在 2014 年已经推出了氢燃料电池汽车——Mirai,日语中是"未来"的意思,承载着氢能扛起未来重任的美好希冀。

图 5.11 氢燃料电池汽车

氢气还是重要的化工原料和工业保护气，在合成氨、石油炼制、精细化工等领域的应用早已成熟，在冶金、电子等行业也有一定的应用。当前，氢气最大的用户是合成氨工业，超过全球总用氢量的60%，在中国这个比例更高，达到80%以上。由于市场早已进入稳定的状态，合成氨工业对氢气的需求也已呈现相对稳定的状态。而石油行业的氢气需求在迅速增加，随着环保要求日益严格，汽油、煤油、柴油及润滑油的质量指标大幅度提高，炼油过程需要使用更多的氢气进行加氢裂化、加氢精制来改善油品质量。精细化工领域采用加氢工艺的有很多，其中以胺类物质和脂肪醇为主，另外还有部分食用油脂的生产也需要用到加氢工艺。

> **小贴士**
>
> **胺类**：指氨（NH_3）分子中的一个或多个氢原子被烃基取代后的产物。蛋白质、核酸、激素、抗生素和生物碱等都是胺的衍生物，临床上使用的大多数药物也是胺或者胺的衍生物。
>
> **脂肪醇（Fatty Alcohol）**：指羟基与脂肪烃基连接的醇类。用于制造合成洗涤剂、化妆品、医药等。也用作润滑油的添加剂和纺织品的抗静电剂。

在电子工业中，由于氢气在高温条件下可以吸收痕量（极微小的量）的氧，保护作用比通常的惰性气体更好，因此作为热处理气氛气和过程气被广泛使用。氢气还是特别出色的还原剂，在钢铁行业有上佳表现，可以参与钢铁、铜、钴、镍等金属冶炼，大幅降低工艺过程的碳排放（图5.12）。

图5.12 氢气用于金属冶金焊接

五 石油天然气工业的好"伴侣"——氢能

随着"双碳"目标的实施与推进,氢可在更多领域大显神通,如大多数公路运输、简单循环燃氢轮机、燃氢锅炉和工业供热、燃料电池发电支持电力系统平衡、天然气管网掺氢、石化与化工领域等场景。氢将成为全球资源与能源结构的重要组成部分,对实现碳中和具有重要意义。

5.7 氢燃料电池之动力

从人类学会利用能源以来,燃烧一直是最重要的能源利用方式。燃烧不仅提供了热量,还带来了光明,为人类的生存与发展提供了更好的条件。但是燃烧过程浪费十分严重,燃烧产生的能量真正被利用的只有很少一部分,大部分热能都随着气流逸散到更广阔的空间当中。后来,人们又发现,燃烧不仅效率很低,还会造成各种污染,空气中的固体颗粒、酸性氧化物、二氧化碳等污染物多与燃烧过程相关。于是人们开始寻找不燃烧也能获得能量的办法。

如果抛弃燃烧方法,是否还能够提取物质中的化学能呢?答案是肯定的。早在 1801 年,无机化学的开创者汉弗里·戴维就提出了燃料电池概念,并通过实验验证了其合理性。1839 年,威廉·格罗夫(William Robert Grove,1811—1896,戴维的同事)发明了真正意义上的燃料电池,而且是氢燃料电池,取名为气电池。

> **小贴士**
>
> 汉弗里·戴维(Humphry Davy,1778.12.17—1829.5.29),自幼喜好诗歌,以药房学徒开启职业生涯,成为最伟大的化学家之一。戴维 24 岁成为教授、34 岁被封爵士、42 岁成为皇家学会会长,被后人称为无机化学之父,是发现天然化学元素最多的"元素之王"。经戴维之手发现的元素包括金属钾、钠、钙、镁、锶、钡和非金属元素硅、硼。戴维还确认氯是单质,指出碘是与氯类似的元素,证实金刚石和木炭的化学成分相同。曾以自身实验,发现"笑气"一氧化氮对人体的刺激与麻醉作用。戴维对科学界的另一重大贡献是发现了法拉第。

燃料电池之所以如此命名,有两个原因,一是它提取能量的原理与燃烧原理类似,都是通过氧化还原反应得到能量,也有类似燃料消耗的过程;二是它直接得到电力,与电池功能类似。事实上,燃料电池的运行方式与普通电池完全不同,是一种能量转化装置而并非储能装置,也许称之为"化学发电机"更为妥当。

燃料电池的基本原理是电解水的逆过程,将氧化还原反应分为两个电化学半反应,由电解质薄膜分隔在两个电极上各自完成。燃料气(氢气)通入阳极,发生氧化反应失去电子;氧气通入阴极,在催化剂的作用下发生还原反应,得到电子;电子在外电路的导电通道中传输即形成电流。由于不同类型的燃料电池采用的原料不同,具体的反应会有所差异(图5.13)。

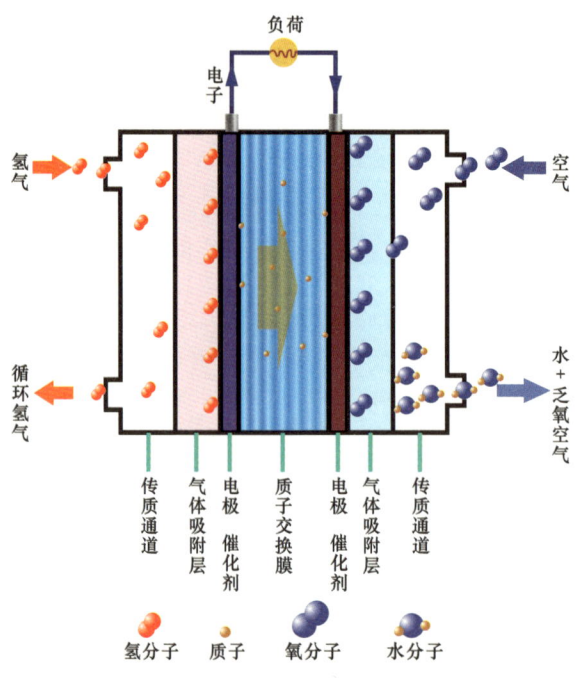

图 5.13 氢燃料电池原理示意图

各类燃料电池的结构大同小异,大都包括四个主要部件:阴极、阳极、电解质隔膜和集流器。其中电解质隔膜的作用非常关键,常常影响整个电池的应用领域与工作状态。业内通常按照电解质种类将燃料电池分为5类:碱性燃料电池、磷酸燃料电池、熔融碳酸盐燃料电池、固体氧化物燃料电池、质子交换膜燃料电池。其中碱性燃料电池、质子交换膜燃料电池和磷酸燃料

五 石油天然气工业的好"伴侣"——氢能

电池工作温度通常低于220℃,为低温燃料电池;熔融碳酸盐燃料电池和固体氧化物燃料电池的工作温度高于600℃,为高温燃料电池。

质子交换膜燃料电池是目前技术水平最高的燃料电池,因为其工作温度低、启动迅速、结构简单,非常适宜应用在交通工具上,被认为是车载电源的首选。质子交换膜是质子交换膜燃料电池的核心技术组件,它是一种选择透过性膜,既提供氢离子通道,又作为介质隔开两极的反应原料。质子交换膜燃料电池的传导离子是氢离子(H^+),氢离子通过质子交换膜扩散到阴极,与氧气反应生成水,同时产生一定的热量。

目前,造价高是制约质子交换膜燃料电池商业化的关键因素之一。质子交换膜燃料电池中使用的催化剂,主要有铂、铂合金等贵金属材料,虽然催化性能很好,但成本非常高。另外,质子交换膜本身也是一种高技术产品,其制造与销售仍垄断在少数商家手中,虽然市场上也有非垄断的质子交换膜,但性能方面差距明显,无法与垄断产品相提并论,这也是制约质子交换膜燃料电池快速普及的原因之一。因此设计开发高催化活性、高耐久性和高稳定性的非贵金属催化剂及质子交换膜等成为研究热点。

燃料电池的概念虽然提出很早,但由于可靠性与成本一直难以令人满意,其研究和开发几经沉浮,早期并没有转化为实用技术。20世纪末以来,随着环境问题日益严重,能源与动力等方面的清洁化需求使燃料电池再次受到各国的普遍重视。与传统的火力发电相比,燃料电池直接将燃料中蕴含的化学能转换成电能,整个能量转换过程中没有涉及热功转换,因此能量利用效率比经过热功转换的方式要高得多。氢燃料电池的产物只有水,不对环境造成污染。当前,氢燃料电池在努力克服高成本、短寿命的缺点,相信随着技术进步,未来氢燃料电池将得到更为广泛的应用,成为清洁的动力与电力供应装备。

5.8 不加油不充电的"氢"车

您知道的新能源汽车有哪些?油电混合动力汽车?纯电动汽车?除了

以上几种新能源汽车，还有一种既不加油也不充电的"新"新能源汽车，能有效解决不可再生资源紧缺、环境污染等问题，它就是发展前景广阔的氢燃料电池车。

2022 年北京冬季奥运会可谓是一场大型氢能秀，由中国石油提供的绿氢充当了奥运火炬的清洁燃料，这是冬奥近百年历史上首支以绿氢作为燃料的火炬。除了环保属性外，还考虑到冬奥会火炬接力需要在低温的环境中运行，氢燃料的特性保证了火炬能在极寒天气中使用。

同时北京冬奥赛事期间还大量使用氢燃料电池车，以减少污染物排放。冬奥会期间共有 1000 多辆氢燃料电池车参与示范运营，由 30 多个加氢站负责保障氢的供应。北京冬奥会是氢燃料电池车全球最大规模的示范应用。

在 21 世纪，氢燃料电池乘用车成为市场宠儿，除了丰田公司，本田、现代、奔驰、宝马等许多世界知名汽车制造公司也都加入了氢燃料电池车研制的行列当中。

那么氢燃料电池是如何为车辆提供动力的呢？氢燃料电池可以说是氢燃料电池汽车上最重要的一个部件，是整个汽车的"能量源"。除此之外，一个完整的氢燃料电池汽车系统，通常还包括驱动电机、辅助动力源、高压储氢罐，以及整车控制器。高压储氢罐向电池阳极源源不断地供应氢气，阴极则利用从空气中得到的氧气，氢与氧在预设区域发生电子交换，以产出电能为汽车电动机供电；整车控制器实现车况控制，并监控动力系统的状况以确保安全运行；电机将电能转换为动能，剩余的电能则存入储能电池，从而支持汽车的远距离行驶（图 5.14）。

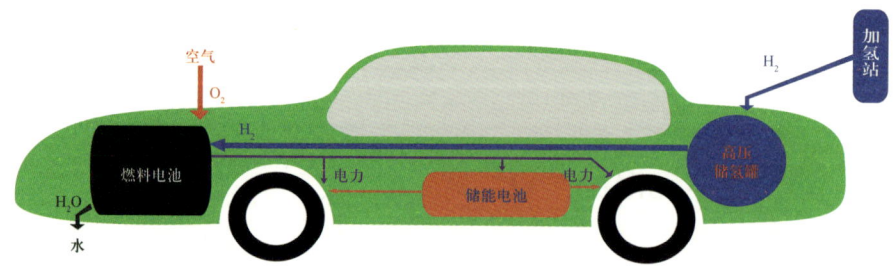

图 5.14　氢燃料电池汽车原理

目前用于氢燃料电池车的主要是质子交换膜燃料电池。与电动汽车相比，用质子交换膜燃料电池替代锂电池，续航能力显著增强，充能时间从电动汽车的1～2小时变为了3～5分钟，充能时间大大缩短；与传统燃油汽车相比，氢燃料电池车能量转化效率高达60%～80%，为内燃机的2～3倍，其燃料是氢和氧，生成物是清洁的水，运行过程中不产生碳排放，也没有硫和微粒排出，具有节能减排的属性。因此，氢燃料电池车是真正意义上的零排放、零污染的车，所以氢燃料电池技术被盛誉为车用能源的"终极形式"（图5.15）。

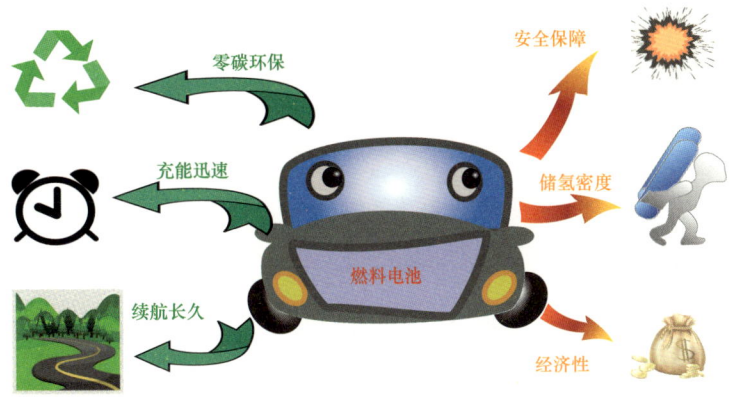

图5.15　燃料电池的优缺点

从燃料电池的出现（1839年）到车用燃料电池的开发，经历了的一个半世纪。1994年，奔驰—戴姆勒公司就开发出了初代燃料电池汽车NECARI，20世纪末欧洲、美洲、亚洲的国家也纷纷开始了氢燃料电池汽车的研发。然而，一些技术问题一直困扰着氢燃料电池车的普及。首先，由于氢气分子量小，扩散速度快，并具有易燃易爆性，安全高效的储氢、输氢技术仍待规模化；其次，氢燃料电池车的成本问题突出，远高于普通汽油车的价格，当前仍令用户难以承受；再次，氢燃料电池寿命受较多因素影响，如质子交换膜的质量、氢气纯度、环境空气的清洁度等，还稍显"娇气"；除此之外，还存在制氢成本较高以及加氢站等基础配套设施的建设等问题。但只要燃料电池车能够跑起来，逐渐形成规模，相信未来技术的突破和成本的下降，将会给人们带来更大的惊喜。

5.9 固体氧化物燃料电池优势

固体氧化物燃料电池是一种在中高温条件下工作的全固态化学发电装置，它直接将储存在燃料和氧化剂中的化学能高效、环境友好地转化成电能（图 5.16）。固体氧化物燃料电池是燃料电池中效率最高的一个。固体氧化物燃料电池不仅可以使用纯氢作为燃料，还可使用甲烷、汽柴油等常见的碳氢燃料，燃料适应性广；与质子交换膜燃料电池相比，固体氧化物燃料电池应用的催化剂主要为稀土元素，成本也相对较低；并且因为其高温反应条件，如果将余热回收利用实现热电联产，能量利用率可以高达 90% 以上，燃料被基本"吃干榨尽"。最特别的是，在完全不改变电池结构的情况下，固体氧化物燃料电池还可以逆向反应，作为电解池电解水制取氢气，兼具电解和发电的功能。"高温"是一把双刃剑，虽然提高了反应效率，但对材料和系统耐久性的要求也随之变高。因此开发耐高温材料、提高系统热管理能力，是制约固体氧化物燃料电池发展的关键因素。

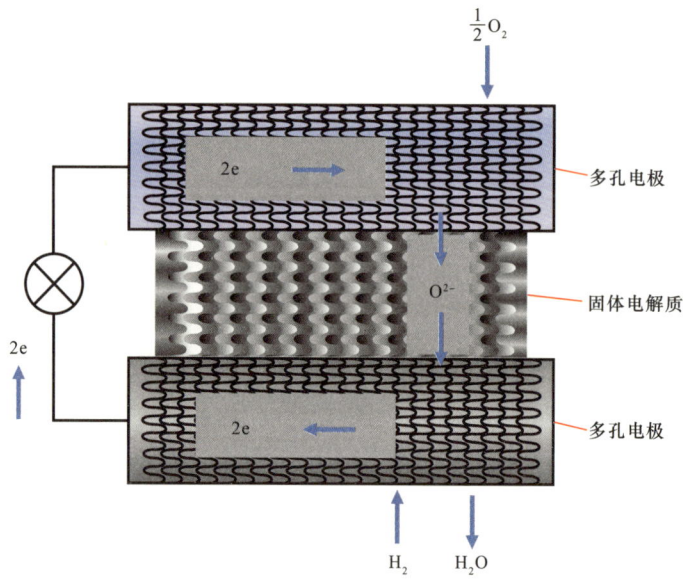

图 5.16 固体氧化物燃料电池示意图

五 石油天然气工业的好"伴侣"——氢能

固体氧化物燃料电池的组成与其他的燃料电池相似，主要区别在于其电解质为固态氧化物。使用时在阳极一侧持续通入燃料气体，燃料气体被具有催化作用的阳极表面吸附，并通过阳极的多孔结构扩散到阳极与电解质的界面；同时在阴极一侧持续通入氧气或空气，具有多孔结构的阴极表面吸附氧气，并将其催化转化为氧负离子。氧负离子进入起电解质作用的固态氧离子导体，在浓度梯度作用下发生扩散，最终到达固体电解质与阳极的界面，与燃料气体在内部发生氧化还原反应。同时，阳极多余的电子通过外电路回到阴极，形成闭合回路，实现了化学能到电能的转化。

那么，为什么说固体燃料电池吃的是"粗粮"呢？这是因为相比于其他种类的燃料电池，固体氧化物燃料电池燃料适应性很广，且对燃料纯度要求相对较低，从气态的氢气、天然气、一氧化碳，到液态的各种碳氢化合物，乃至多组分混合物，固体氧化物燃料电池都可以照单全收，绝不"挑食"，实现高效率的能量转化。

吃"粗粮"的固体氧化物燃料电池具有更强的"身体素质"，工作能力也更强。之所以说他"身体素质"好，是因为固态电解质的应用避免了液态电解质带来的腐蚀问题，对构建材料的要求也比较低，因此对环境的耐受性更好，在很大程度上延长了燃料电池的使用寿命。固体氧化物燃料电池的工作能力更强，主要体现在两个方面：一是对于不同的工作环境有很强的适应能力。固体氧化物燃料电池的全固态结构方便进行各种模块化设计和工业放大，如果把一个固体氧化物燃料电池单元看作一块小小的"积木"，就可以通过不同的组装方式组合出各种样式的固体氧化物燃料电池堆，从而满足不同规模、不同层次的能源需求。二是固体氧化物燃料电池的能量转换效率高，是目前以碳基化合物（如天然气）为燃料的燃料电池中发电效率最高的一种，此外还可以副产优质热能，用于预热燃料、生产蒸汽，甚至与燃气轮机、蒸汽轮机等组成联合发电系统，不但具有较高的发电效率，同时也具有低污染的环境效益。

固体氧化物燃料电池具有催化剂成本低、能量转化效率高、产物无污染、便于模块化设计和易于工业放大等优点,是高效洁净利用碳基燃料的绿色发电系统。不管是作为大型集中发电、中型分散供电和小型家庭用电等固定电站,还是作为交通运输、基建设备、航天器动力等移动电源,都有广阔的应用前景。

5.10 日本"氢能蓝图"

日本是一个资源十分匮乏的国家,没有很好的能源资源,作为发达国家,日本也一直在追逐能源独立的梦想。可供日本选择的能源类型不多,核能曾经是日本能源体系的重要角色,但福岛核电事故严重阻碍了日本核电的发展。长期以来,在坚持发展核电的同时,日本一直没有放松对建立氢能体系的探索,几十年来的积累使其形成了大规模发展氢能的基础(图 5.17)。

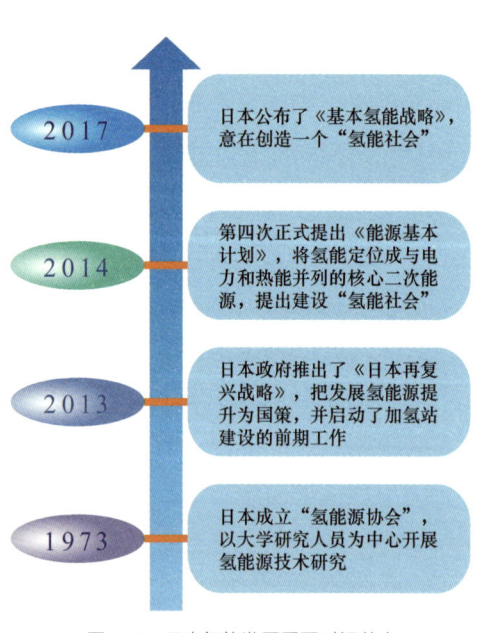

图 5.17 日本氢能发展重要时间节点

日本执着地将氢能作为未来能源战略选择。首先,氢能本身具有优异的性能。氢能利用的污染排放极小,可以轻易实现使用阶段零排放。未来随着技术进步甚至可以实现全生命周期零排放,这已经达到了可持续能源利用的极限;氢能体积密度虽小,但质量密度很大,既可以提供较大功率的能量输出,也可以提供长期稳定的能量输出;氢能全产业链涉及的关键技术相对比较成熟,不存在完全处于预测阶段的关键技术,推广氢能在技术方面难度不高。超低排放、"镇得住场面"、易于推广,这些优点几乎囊括了未来能源的基本要求。其次,日本海水丰富,通过分解海水制氢具有优势,这使氢能成为日本为数不多的备选能源中的佼佼者。日本地域狭小,资源有限而又人口众多,要实现国家能源安全,可作为支柱的能源种类相当有限。受2011年福岛核电站泄漏事故的影响,核能退出了能源支柱地位的竞争。同时,风—光—储体系的能源,受日本面积狭小的限制也难当大任。这样综合比较下来,恐怕只有氢能可以作为未来支柱能源了。

在这种背景下,2014年,日本政府发布了《氢能与燃料电池战略路线图》为"氢能社会"建设规划了三个阶段。

第一阶段:2014—2025年,扩大氢能使用范围。2015年燃料电池车投入市场并建立100座加氢站;提高燃料电池装机量,2020年实现户用燃料电池装置装机140万台;2020年实现氢气供应价格与燃油价格持平;2025年实现氢燃料电池车与混合动力汽车同等价格竞争力。

第二阶段:2025—2030年,全面发展氢发电产业链,建立大规模氢能供应系统。实现户用燃料电池装置装机530万台且保证用户5年内回收成本;全面利用海外资源生产、储存、运输氢能,特别是将澳大利亚的绿氢和灰氢通过船运方式运到日本海岸,成为日本未来海外氢能利用的主要来源;实现氢气发电商业化。

第三阶段:2030—2040年,建立零碳排放供氢系统,在全产业链实现零排放,形成制氢、储氢、运氢的绿色生态系统。全面推广新能源汽车(包括燃料电池汽车、混合动力汽车及纯电动汽车)。

在2016年路线图修订版中,日本政府增加了燃料电池汽车、加氢站、家用燃料电池供给系统的量化目标。这些计划与安排的可行性较强,虽然氢能是日本能源发展的无奈选择,但也是可能成功撑起日本能源安全的正确选择。

鉴于日本的资源状况,日本政府计划重点推进可大量生产、运输氢的全球性供应链建设,并设定了2020年、2030年、2050年及以后的具体发展目标。

氢气供给：2020 年达到 4000 吨 / 年，成本 10 美元 / 千克；到 2030 年，形成产能 30 万吨 / 年，成本达到 3 美元 / 千克；到 2050 年，达到产能 500 万~1000 万吨 / 年，成本降低到 2 美元 / 千克。

加氢站规划：到 2020 年达到 160 个，2030 年达到 900 个，2050 年全覆盖，加氢站取代加油站，基本满足日本国内全区域加氢需求。

氢燃料车规划：到 2020 年，氢燃料电池车达到 4 万辆，氢能大巴 500 辆；2030 年氢燃料电池车达到 80 万辆，氢能大巴 1 万辆，公共汽车 1200 辆，叉车 1000 辆等。

氢燃料发电：建立氢能发电示范，到 2050 年实现氢能发电取代天然气发电，每千瓦时电力成本降低到 12 日元。

燃料电池应用：到 2030 年，家用热电联供分布式燃料电池应用达到 530 万户，占全日本家庭的 10%，到 2050 年取代传统居民的能源供应系统。

日本的氢能战略目标是创造一个"氢能社会"（图 5.18），实现氢能与其他燃料的成本平价，建设加氢站，替代燃油汽车（包括卡车和叉车）及天然气和煤炭发电，发展家庭热电联供燃料电池系统，建立以氢能为主要支柱的新型能源结构。

日本塑造氢能社会的可行性较好，但对其他国家而言，在氢能领域过于用力不一定是合理的选择。氢能不会在所有国家能源体系中都独占鳌头，这是因为不同国家的国情大不相同。在一些幅员辽阔的国家，如果全面建设氢能体系，需要投入的基建成本可能是难以承受的天文数字。氢能毕竟是二次能源，虽然优点很多，总归还是需要由一次能源转化而来，如果风、光、地热等一次能源资源丰富，配合大规模储能即可应用，没有必要完全转化成氢能这样的二次能源再各处输送，因此氢能更适合担任辅助能源的角色。同时，氢能终端应用技术还没有完全成熟，如果过于急切地铺开氢能建设，可能会面临氢产能过剩的局面。

日本发展氢能社会的国家战略，推动氢、氨协同布局，对其他国家有较强的借鉴意义。在碳达峰、碳中和目标的限定下，世界各国的清洁能源资源需求极为庞大，如果将氢能作为能源资源多元化发展的一部分，也是一种较好的选择。绿色氢能的发展必将会为世界清洁能源体系建设提供良好的支持，氢能将成为未来能源体系的重要成员。

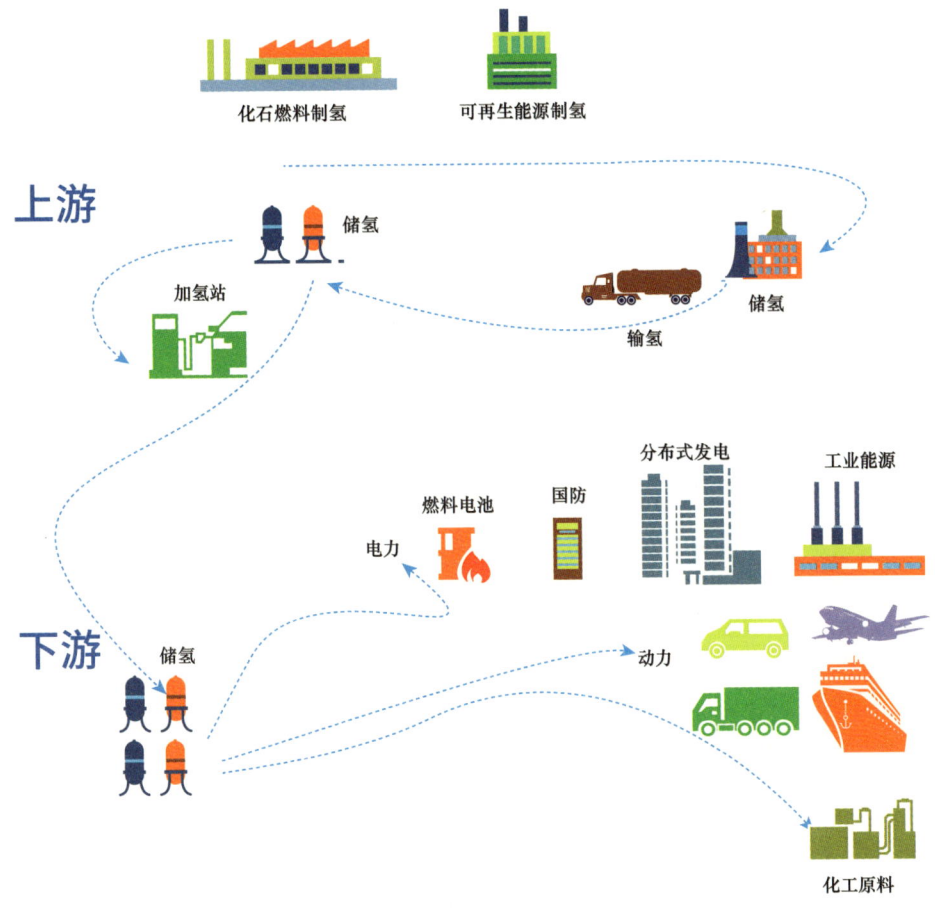

图 5.18　氢能社会概念图

5.11　韩国"氢能经济"

韩国人口接近日本的一半，国土面积略超日本面积的四分之一，拥挤程度比日本更为严重，在能源方面的窘迫十分明显。由于地域狭小，韩国的能源资源也相当匮乏，2007年能源进口依存度高达96.7%，经济发展不得不重点考虑如何解决能源资源供应问题。在此背景下，韩国把氢能作为能源领域发展的重点，期望氢能成为国家经济发展的持久动力。

韩国的氢能经济计划分为三个阶段：

2018—2022年为氢能立法、技术研发和基础设施投资准备期，2022—2030年为氢能推广发展期，2030—2040年为氢能社会打造期。

2018年8月，韩国政府将"氢能产业"确定为三大创新增长战略投资领域之一。2018年9月，韩国产业通商资源部成立氢能经济推进委员会，并着手制定《氢能经济发展路线图》。

2019年1月，经过跨部门协商，文在寅总统正式发布《氢能经济发展路线图》，宣布韩国将大力发展氢能产业，引领全球氢能市场发展。2020年2月4日，韩国国会通过全球首部《促进氢经济和氢安全管理法》，可见韩国在推动氢能发展方面已经打下良好的基础。

韩国《氢能经济发展路线图》为涉及氢能产业链发展的五大领域分别制订了阶段目标。

（1）氢燃料电池移动出行：到2040年，累计生产620万辆氢燃料电池汽车，其中，290万辆面向韩国国内市场，330万辆用于出口，包括氢燃料电池轿车、氢燃料电池巴士、氢燃料电池出租车、氢燃料电池卡车。2019年韩国共有14座加氢站，计划到2022年增至310座，到2040年进一步增至1200座。

（2）氢能发电：到2022年韩国国内氢燃料电池总发电量达到1吉瓦，实现规模经济；到2025年氢燃料电池发电价格下降50%，与中小型液化天然气装置发电价格持平。到2040年，普及发电用氢燃料电池装置，使其总发电量达到15吉瓦（相当于韩国2018年全年发电总量的7%~8%）。

（3）氢气生产：到2040年氢气年供应量达到526万吨，每千克价格降至

3000韩元（约合人民币17.7元）。建立海外生产基地，稳定氢气生产、进口和供需。

（4）氢气存储和运输：构建稳定且经济可行的氢气流通体系。通过多样化存储方法（如高压气体、液体、固体），提高储氢效率。开发液化或液体储氢新技术，加大对管式拖车及输氢管道的利用。通过使用轻型高压气态氢气管式拖车降低运输成本，并建设连接整个国家的氢气运输管道。

（5）安全保障：构建全流程安全管理体系，营造氢能产业发展生态系统。2030—2040年间，提议15项以上氢能相关国际标准，并积极参与国际标准化活动。

韩国《氢能经济发展路线图》的愿景是以氢燃料电池汽车和燃料电池为核心，将韩国打造成世界最高水平的氢能经济领先国家。到2040年，使韩国氢燃料电池汽车和燃料电池的国际市场占有率达到世界第一，创造出43万亿韩元的年附加值和42万个就业岗位，使韩国从化石燃料资源匮乏国家转型为清洁氢能源产出国。

5.12 美国"氢能战略"

美国氢能战略从属于美国总体能源战略，是"能源独立"进程的组成部分。1973年，第四次中东战争引发石油危机。石油断供使美国经济遭受出乎意料的严重打击，美国政府被迫宣布全国进入"紧急状态"，并采取一系列节能措施，甚至白宫屋顶上和联合国大厦周围的电灯也限时关闭。

这次能源危机使美国经济受到重创，美国国内生产总值（GDP）下降了5.7%，工业生产下降了15.1%。惨痛的教训使得美国政府深刻认识到国家能源不独立的危险性，尼克松迅速提出"能源独立"战略，力图扭转能源对外依赖的局面。此后，降低对外资源的依存度，实现"能源独立"，成为美国历届政府认可的国家战略和施政纲领。

为了探索更好的能源独立路径，美国一直对氢能非常重视，石油危机时期美国就已开始布局氢能技术研发（图5.19）。

1990年，美国政府颁布了《Spark M. Matsunaga 1990年氢研究、开发及示范法案》，制订了氢能研发五年管理计划，期待快速突破氢生产、储运和应用过程中的关键技术。

1996年，美国政府又推出了《氢能前景法案》，决定在五年内投入1.6亿美元用于氢能的生产、

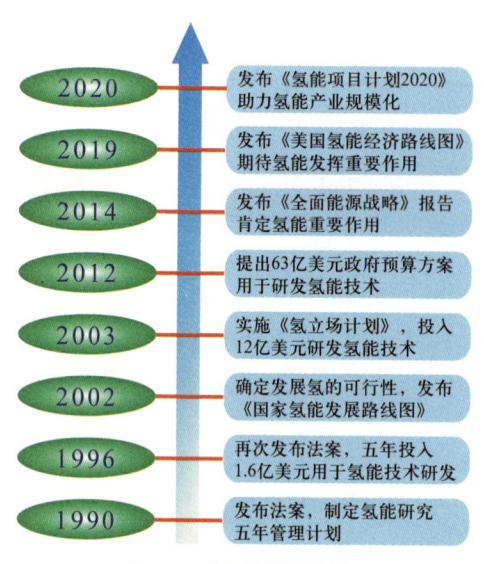

图5.19 美国氢能发展路径

储运和应用技术的研究与开发，并期待从技术层面证明氢能用于工业、住宅、运输等方面的可行性。

2002年，美国技术界及政界确认了氢能产业的商业应用可行性，美国能源部（DOE）发布《国家氢能发展路线图》，标志着美国氢能产业从构想转入行动阶段。2003年美国实施《总统氢燃料倡议》和《氢立场计划》，计划投资12亿美元研发氢能生产和储运技术，积极开展氢能与燃料电池技术研究，推进氢燃料电池汽车技术及相关基础设施在2015年前实现商业化。

2012年，美国总统奥巴马向国会提交了63亿美元政府预算，用于氢能、燃料电池、车用替代燃料等清洁能源的研发，对燃料电池系统的转换效率提出了更高标准，并对美国境内的氢能基础设施实行30%～50%的税收抵免。2014年美国白宫发布了《全面能源战略》报告，阐述了美国能源革命对经济发展以及能源安全的影响，同时提出了美国未来低碳化发展的主要措施，确定了氢能在交通转型中的引领作用。

2019年，美国燃料电池和氢能协会（FCHEA）在2019年燃料电池国

际研讨会暨能源展上发布了《美国氢能经济路线图——减排及驱动氢能在全美实现增长》。路线图期望美国的决策者和工业界共同努力并采取正确步骤，在氢能经济的迅速兴起和发展进程中，不断壮大相关产业活动，从而巩固美国在全球能源领域的领导地位。2020年美国能源部发布《氢能项目计划2020》，为美国的氢能研究、开发和示范应用提供了战略支撑。该计划指出，美国政府致力于氢能全产业链的技术研发，并将加大示范和部署力度，以期实现产业规模化。

从20世纪70年代至今，美国始终重视氢能技术与产业的发展。但是，直到近年来美国宣布实现"能源独立"，美国的氢能产业远未达到能源领域关键角色的地位。可见美国的氢能战略一方面稳扎稳打，注重技术积累，另一方面更多的是长远布局，为未来争得先机。

根据美国国家实验室预测，到2050年，美国本土氢能需求将增至4100万吨/年，占未来能源消费总量的14%，仍然是辅助能源的定位，但是美国在氢气生产、运输与储存，以及燃料电池和氢能涡轮机发电等方面的技术储备雄厚，美国能源部已颁发了1100多项美国专利，并在市场上推出了30多项商业技术。

美国在氢能技术积累方面如此用力，目标绝不仅限于满足国内需求，而是要通过氢工业的强大输出影响国际氢能版图，在碳中和时代继续掌控欧洲与亚洲的能源命脉，始终保持美国在能源以及国际政治方面的领导地位。美国发展氢能产业特别注重自主技术的积累，其在氢能领域的长远布局和稳步发展值得借鉴。

5.13 中国"氢能之路"

氢能是以氢气作为能源载体的二次能源，将会像电力一样广泛应用于生产生活的各个领域。据《中国氢能产业发展报告2020》预计，2050年中国的氢气需求将达到 6000 万吨/年。

氢气的生产和利用在中国十分广泛，中国是世界第一大产氢国，2020 年全国的氢气产量大约为 3300 万吨。但目前氢气的主要用途都是作为工业原料使用，主要用在石油化工行业，比如合成氨、合成甲醇、炼焦、炼油、氯碱及轻烃利用。而未来氢的应用将向能源方向扩展，广泛应用于工业、交通、建筑等领域，像电力一样无处不在。

但是，中国氢能产业化还有很长的路要走，在氢能产业建设过程中，必然会遇到许多困难与问题，需要逐个加以解决。

中国的制氢以灰氢为主，并且绿氢的制造成本远高于灰氢。在中国，煤制氢加天然气重整制氢占比接近 81%，另有 18% 来自工业副产制氢，电解水制氢及其他仅占 1.5%。这种来自高碳化合物的氢会在其生产过程中形成数量可观的碳排放，与碳中和目标背道而驰。因此，未来作为能源的氢需要从可再生能源的技术路线获得，只有绿氢的推广才有社会价值，这一点是由推动氢能发展的清洁低碳的内在逻辑决定的。而在绿氢制造技术成熟以前，需要依赖碳捕集技术支撑灰氢的利用，同时应积极开展绿色制氢技术研究及应用。

随着氢的应用向能源领域扩展，其输送和储存的基础设施需求，将与目前企业自产自用的情况截然不同。企业自用氢通常可以即产即用，不需要大规模的储存与输送。而在未来，氢的需求十分广泛，必须要专门建设一整套储存、运送及供应的基础设施和商业体系。与电力、燃气一样，氢能的大规模应用需要发达的由主网和配网组成的基础设施实现输送与供应。由于氢的密度实在太小，所以很难高效储存与输送。如果花同样运输费用得到的能量不能达到煤炭、石油、天然气的效果，那么氢能接替上述传统能源将难以实现。

氢气在空气中最小点火能比甲烷或者汽油小得多，也就是说，氢比天然气或汽油更易于爆炸。所以在基础设施方面，氢能输送的安全性和经济性，是需要解决的技术问题。可供选择的技术路径包括高压气态、液氢、有机化

五 石油天然气工业的好"伴侣"——氢能

合物储氢和管道输送，不同的技术适合不同的应用场景。天然气与氢气性质接近，可以研究利用现有天然气基础设施输送氢气的可行性，建设氢气专输管线可以借鉴天然气管道建设的经验。

尽管发展氢能产业仍然存在许多困难，但氢能的绿色低碳属性具有强大的吸引力，为了更快实现双碳目标，中国已决心大力发展氢能。2019年氢能首次写入中国政府工作报告，中国的氢能产业真正迎来发展元年。2021年国家出台"碳达峰、碳中和"的政策，氢能产业热度持续攀升，2022年中国发布了《氢能产业发展中长期规划（2021—2035年）》，这项规划是碳达峰、碳中和"1+N"政策体系"N"之一，在氢的生产、供应和应用等方面做出了整体安排：

一是氢的供给。氢能的供给要立足于构建清洁化、低碳化、低成本的多元制氢体系，重点发展可再生能源制绿氢。

二是氢能应用，氢能是用能终端实现绿色低碳转型发展的重要载体。通过"风光氢储"一体化融合发展，氢将为可再生能源规模化消纳提供解决方案。氢能与电能类似，将成为未来清洁能源体系中重要的二次能源。另外，氢能能量密度高、储存方式简单，是大规模、长周期储能的理想选择。另一方面，随着燃料电池等氢能利用技术开发成熟，氢能—热能—电能将实现灵活转化、耦合发展。扩大清洁低碳氢能在用能终端的应用范围，有序开展化石能源替代，能够显著降低用能终端二氧化碳排放。例如，推广燃料电池车辆，减少交通领域汽油、柴油使用；将氢能作为高品质热源直接供能，减少工业领域化石能源供能，直接推动能源消费向绿色低碳转型。

三是氢在工业生产中的应用。氢气是重要的清洁低碳工业原料，应用场景丰富。例如，作为还原剂，在冶金行业替代焦炭；作为富氢原料，在合成氨、合成甲醇、炼化、煤制油气等工艺流程替代化石能源等。通过逐步扩大工业领域氢能应用，能够有效引导高碳工艺向低碳工艺转变，促进高耗能行业绿色低碳发展。

在国家政策鼓励下，中国全国范围内兴起了发展氢能产业的热潮。截至 2020 年 6 月，中国各省及直辖市级的氢能产业规划超过 10 个，地级市的氢能专项规划超过 30 个。多省市推出了氢能推广补贴政策。在加氢站建设方面，2016 年后开始提速，2016—2018 年翻倍增长，2019 年又是 2018 年的两倍。截至 2021 年 6 月，已建成或在建的加氢站数量有 141 座（图 5.20）。2021 年全球氢气产量约 7000 万吨，中国氢气产量则有 3300 万吨，约占全球氢气总产量的一半。全国范围内也开始了涵盖工业、交通和建筑领域的多项氢能利用试点示范项目。全产业链规模以上工业企业超过 300 家。在公共交通领域，佛山实现了氢能燃料电池车的大规模推广。在绿氢化工领域，国内首个太阳能甲醇示范项目于 2020 年 1 月在兰州落地。在管道掺氢领域，有国家

图 5.20　新能源氢能充电

电力投资集团 2019 年完工的辽宁朝阳项目和 2020 年启动的张家口项目。国内的钢铁企业也在 2019 年开始了氢能冶金的尝试。中国石油、中国石化等央企也下场加快布局氢能源产业。

总体来说，虽然中国氢能产业起步稍晚，但仍然具备很大的后发优势，需要像建立天然气工业一样，建立全产业链的氢能产业。中国可再生能源资源十分丰富，同时还拥有世界最发达的光伏产业，可以充分满足绿氢产业发展需求。同时，中国仍处于高速发展阶段，对清洁能源的需求非常旺盛，氢能发展前景非常乐观。中国的氢能之路已经开启，需要加快构建氢能中国。

六　大自然的能量仓库
——生物质能

　　生物质能，顾名思义，就是来自生物物质的能源。在人类社会的早期阶段，人们几乎将薪柴当作唯一的能源。进入 21 世纪，生物质能的范围得到很大扩展，生物乙醇、生物柴油等成为生物质能的新成员，即使是薪柴，也增添了现代科技的元素，一些从前只能当作废物丢弃的枝叶木屑，也可以经过压缩固化成为可用的燃料。生物质能燃烧所释放的二氧化碳，来自植物生长所吸收的二氧化碳，因此它的应用可以完美融入自然界的碳循环，是不可多得的碳基燃料。

6.1 生物质能是什么？

生物质能，听起来是一个很新奇的名字，事实上，它是人类最先掌握的能源。远古人类学会钻木取火，从火种到资源，都属于生物质能。随着科学技术的进步，人们利用能源的手段更加丰富，生物质能的概念随之大大扩展，凡是通过光合作用形成的各种有机体，包括以它们为原料转化而成的能源资源，都可以纳入现代生物质能源的范畴。

人们将适合能源利用的生物质资源，按照来源和性质的不同分为六大类：林业资源、农业资源、生活污水和工业有机废水、城市固体废物、畜禽粪便、沼气等。

林业生物质资源，通常是指森林生长和林业生产过程提供的生物质材料，包括薪炭林、在森林抚育和间伐作业中的零散木材、残留的树枝、树叶和木屑等；木材采运和加工过程中的枝丫、锯末、木屑、梢头、板皮和截头等；林业产品废弃物，像果壳和果核等。

农业生物质资源，一般指农业作物（包括能源作物）；农业生产过程中的废弃物，如农作物收获时残留在农田内的农作物秸秆（玉米秸、高粱秸、麦秸、稻草、豆秸和棉秆等）；农业加工业的废弃物，如农业生产过程中剩余的稻壳等。

生活污水主要由城镇居民生活、商业和服务业的各种排水组成，如冷却水、洗浴排水、盥洗排水、洗衣排水、厨房排水、粪便污水等。此外，工业有机废水也可以纳入生活污水的范畴，它主要是酒精、酿酒、制糖、食品、制药、造纸及屠宰等行业生产过程中排出的废水等，其中都富含有机物。

城市固体废物由城镇居民生活垃圾，商业、服务业垃圾和少量建筑业垃圾等固体废物构成。禽畜粪便包括猪粪、牛粪、羊粪、鸡粪、鸭粪等。

沼气是由生物质资源转换而成的一种可燃气体，主要成分是甲烷，通常可以供农家用来烧饭、照明。

六 大自然的能量仓库——生物质能

人们最初利用生物质能源的手段非常简单，只是把木柴或畜粪点燃取热。这种能源利用方式虽然简单方便，但存在效率不高、资源浪费和污染严重等缺点。因此人们试图探索更高效的生物质能利用方式，并取得了持续进步。到21世纪初，生物质资源加工成为生物燃料的技术已经发展了三代（图6.1）。

图6.1 生物质能技术

第一代生物质能技术最为成熟，已经实现了商业化推广，生产的生物燃料最为常见的是燃料乙醇和生物柴油。由于第一代生物质能技术的原料种类较多，所以不同国家、地区根据自身种植原料的难易程度，选择不同的原料进行生产应用。以燃料乙醇为例，美国、巴西、欧盟生产燃料乙醇的原料分别是玉米、甘蔗、小麦。第一代生物柴油原料主要来源于菜籽油、大豆油、棕榈油、蓖麻油、玉米油等植物油，以及猪油、牛油、鱼油等动物脂肪。由于第一代生物质能来源于粮食和经济作物，这些植物大多为一年生，需要每年耕地播种，大量灌溉施肥，投入的能量大，净能量产出却不高。加之与粮食作物争耕地，由此带来一系列负面效应。

以木材、玉米秸秆、甘蔗渣等木质纤维素类生物质为原料的生物质能利用技术，被称为第二代生物质能技术，由于木质纤维素类生物质来源广泛，第二代生物质能技术成为世界各国开发的焦点（图6.2）。利用玉米芯、玉米秸秆等农林废弃物生产燃料乙醇，利用麻疯树、文冠果、黄连木、玉树等优质的能源植物，生产生物柴油等多种技术已获得阶段性成功。与第一代技术相比，第二代生物质能的资源以不可食用的纤维素为主，不再"与民争粮、争地"，反而会净化环境"变废为宝"，是比较理想的选择，也是未来生物燃料发展的主要方向。总体来看，第二代生物质能技术仍存在成本较高的缺陷，主要原因是分解纤维素的酶成本太高，造成整个生产成本随之增高。随着科技进步和关键技术的突破，第二代生物燃料将会进入产业化阶段。

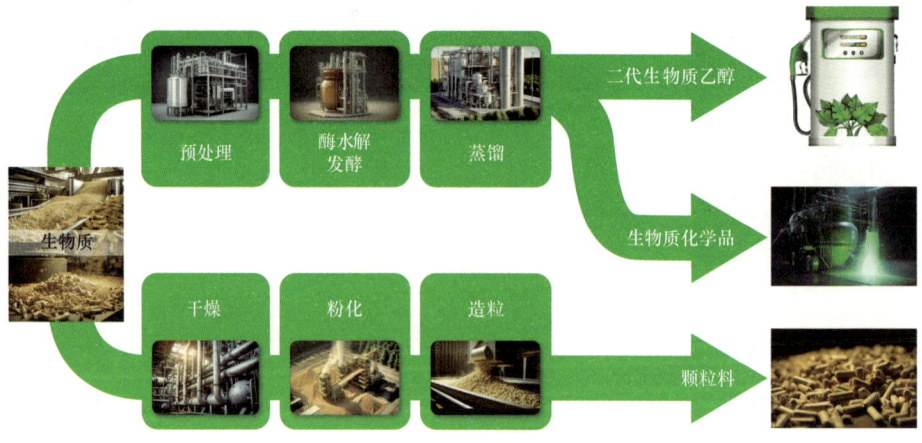

图6.2　第二代生物质能装置

第三代技术是以藻类为原料生产生物燃料，例如微藻、蓝藻。第三代技术先将微藻中含有的淀粉、纤维素、半纤维素等大量碳水化合物转化为糖类，再将糖类发酵转化为乙醇（图6.3）。生产生物柴油的微藻是通过基因工程技术建构的"工程微藻"，在显微镜下，微藻就像一个"油葫芦"，比油菜籽、花生的含油量高7~8倍，比玉米高十几倍。目前，第三代生物燃料的研究还处于实验室阶段，距离实现商业化尚有一定的距离。

图6.3 第三代生物质能技术——藻类转化

最早的生物质能是薪柴，垒灶即可应用；将粮食或其他高糖作物变成乙醇，开始需要生物化工方面的工业化技术支持；而纤维素生物质能的应用，则要依靠更高层次的酶化工技术才能实现，已经游走在生命科学的边缘；第三代藻类生物质能的利用则相当于制造出生物工厂，按照预先设计的路线完成生产能源的任务。人类之所以选择越来越困难的技术，不仅是出于对生命力量的挑战，更多的是希望能够满足未来可持续发展的需求。

生物质能是太阳能的一种表现形式，是一种清洁环保的能源，同时也是唯一一种可再生碳基能源，可通过植物的光合作用再生。它具有低污染性，硫、氮含量低，燃烧产生的硫化物、氮化物较少且二氧化碳排放量接近于零，可有效减轻温室效应。此外，生物质能还具有广泛分布性且储量十分丰富。作为可再生能源，生物质能的开发和利用对改善全球变暖、生态环境，促进绿色发展，加快"碳中和、碳达峰"目标的实现都有重要意义。如果生物工厂可以供应整个世界消耗的能源，我们的地球就会更加美丽并更加宜居。

6.2 可种植的"石油树"

现代社会能源需求量非常大，已经发现的传统化石能源的蕴藏量百年左右就会消耗殆尽。同时污染与碳排放问题，并不支持继续大规模使用化石能源，因此人们特别希望找到源源不断的清洁能源。在这种强烈愿望的推动下，有些人联想到像种粮食一样种出能源。经过多年探索，人们种植能源的愿望正在变成现实，这是因为有些植物在生长过程中会积累特别多的高能物质，这样的植物是能源资源的最佳来源之一。

人们将可以获取能源的植物称为能源植物。具体来说，能源植物是指能够通过光合作用，把二氧化碳和水直接转化成含有较高能量有机物的一类植物，这类植物的汁液或提取液含有较多与石油成分类似的物质，这些物质经加工后可作为石油的替代品使用，故又称"石油树"或"能源树"。生物本身的特点就是含水多，正常的植物通常不会产出特别多的油类物质，需要通过特殊的培育方法筛选出含油更高的品种，才能满足工业化生产的需求。不同的能源植物产出的能源物质也不一样，常见的能源植物可分为用于薪炭的能源植物，富含类似石油成分的能源植物，富含高糖、高淀粉和纤维素等碳水化合物的能源植物，富含油脂的能源植物以及藻类。

用于薪炭的能源植物：比较适合直接作为薪炭资源提供薪柴和木炭，如杨柳科、桃金娘科桉属、银合欢属等。目前世界上品质较好的薪炭树种有加拿大杨、意大利杨、美国梧桐、沙枣等（图6.4）。

富含类似石油成分的能源植物：如麻疯树、油楠、绿玉树、西谷椰子、西蒙得木、巴西橡胶树等，含有大量的油脂类碳氢化合物，经过简单的脱脂处理即可作为柴油使用，也可直接用作燃料油。此类能源植物生产成本低，利用率高，是植物能源的最佳来源。

富含高糖、高淀粉和纤维素等碳水化合物的能源植物：又可分为糖类能源植物、淀粉类能源植物和纤维素类能源植物，这些植物产生的碳水化合物通过生物发酵得到的最终产品是乙醇。这类植物种类多、分布广，如甘蔗、

图 6.4 美国梧桐

甜菜等糖类能源植物,可直接通过发酵法制备燃料乙醇;木薯、玉米、甘薯等淀粉类能源植物,需要经过水解后才能用于乙醇生产;纤维素类能源植物包括桉树、芒草等,可采用其他技术获得乙醇等燃料,也可直接燃烧发电。

富含油脂的能源植物:既是人类食物的重要组成部分,又是工业用途非常广泛的原料,其某一器官(多为种子)具备很高的含油率,通过提取它们中的油脂进行加工,可以有效制备生物柴油。世界上富含油脂的植物有万种以上,中国有近千种,且储存量很大。如桂北木姜子种子含油率达 64.4%,樟科植物黄脉钓樟种子含油率高达 67.2%,水花生、水浮莲、水葫芦等一些高等淡水植物也有很大的产油潜力(图 6.5)。

藻类是高效光合微生物,仅需要二氧化碳、水和阳光,

图 6.5 水葫芦

143

即可进行光合反应，也是一种很有开发前景的生物能源。藻类具有很高的固碳能力，相当于森林的10~50倍；生长速度快，适应能力强，不与农作物争地（可用滩涂、盐碱地、荒漠等）争水（可用生活污水、海水和盐碱水等）；含有较高的脂类等易热解的化学组分，可高效生产生物燃油、燃料乙醇，且热解条件低，生产成本低；具有减排效应，可以通过光合作用利用废气（二氧化碳、二氧化氮），缓解温室气体排放。目前较为成熟的应用方法，包括直接提取和热解制备液体燃料。

与传统化石能源相比，能源植物资源具有清洁环保、可再生、低成本、安全和持续稳定等许多优点。但植物的生长都需要一定的空间，而且每个植物个体蕴含的高能物质相对有限，无法像煤炭与石油那样高密度分布，其产业链无法移植煤炭与石油行业的先例，在今后的开发和利用中，还需要探索更有效的经营模式。

6.3 生物质转化技术

在日常生活中，生物质能虽然远不如化石能源那么引人注目，但它一直是人类赖以生存的重要能源，仅次于煤炭、石油和天然气，居世界能源消费总量的第四位。人类利用生物质的历史极其漫长，薪柴秸秆的直接燃烧利用，曾给人类的生存发展带来极大的支撑。目前人类对生物质能的利用方式多种多样，可以作为燃料直接和间接燃烧，也可以通过热化学转换和生物化学转换的方式，对生物质能进行利用，如生物质气化和液化、沼气发酵、生物质发电等。

生物质资源类型多样，如果还是用原始的燃烧方式，不仅会导致大量污染，同时在利用效率方面也很难令人满意。所以这些不同种类的生物质资源，通常需要被转化为方便人们使用的更清洁的存在形式。比如转化为更密实的固体，转化为与石油产品兼容的液体，或者方便使用而又更加清洁的气体。

根据转化原理的不同,生物质转化技术可以分为物理转化、化学转化和生物转化。

生物质的物理转化是指生物质的固化,将松散、低热值的生物质通过压力作用,制成棒状、颗粒状、块状等各种成型燃料。该技术大大提高了单位体积燃料的品质,便于储存和运输。

生物质的化学转化主要包括直接燃烧、热解、气化和液化等。直接燃烧就是把生物质燃烧产生的热量用于发电或供热。在农村,各家各户烧柴做饭就是直接燃烧的利用方式。热解就是将生物质在无氧条件下加热,或在缺氧条件下不完全燃烧后,转化成高能量密度的气体、液体或固体燃料。我们平时烧烤用的木炭就是先将生物质物理固化成型后,再用热解处理的方法制备而成的固体燃料。

生物质气化原料主要为秸秆、木屑、稻壳、酒糟、药渣等大多数农林工业生物质废弃物(图6.6)。原理是将生物质控制在一定氧含量的条件下,通过高温热解气化将固体生物质转化成主要成分为一氧化碳、氢气、甲烷、烃类等的可燃气体,经过净化后可以用于集中供气、供热、发电、合成化学品等。

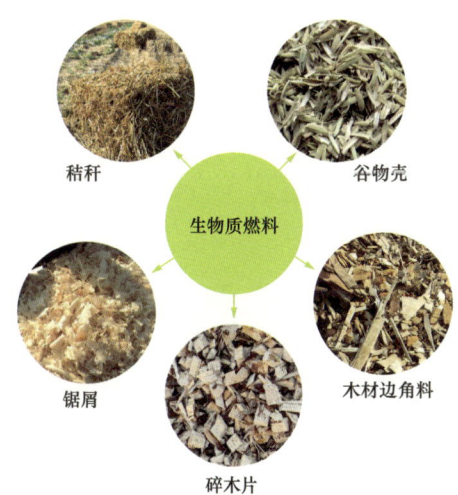

图6.6 生物质燃料

生物质液化通常包括热化学和生物化学方法。热化学方法是指在高温高压条件下进行的生物质热化学转化过程，通过液化可将生物质转化成高热值的液体产物。目前，生物柴油的制备主要是通过生物质液化过程实现的。将动物和植物油脂与甲醇或乙醇等低碳醇，在酸或者碱性催化剂和高温（230~250℃）下进行酯交换反应，生产相应的脂肪酸甲酯或乙酯，再经洗涤干燥即得生物柴油。生物化学法包括生物质的沼气转化和乙醇转化技术。从字面上就可以看出，生物沼气采用了厌氧发酵作用的沼气转化技术，燃料乙醇则是采用了生物发酵的乙醇转化技术。

通过生物质转化技术，人们可以从可再生的生物质当中提取出能量密度较高的，与煤炭、石油等传统能源产品兼容性很好的固体、液体和气体能源，最大限度地保留和利用了化石能源时代的动力与热力设施，减少了大规模替代传统化石能源造成的损失。生物质能源转化技术成为人们竞相研发的热点，也许在未来依靠生物质转化技术仍能保留燃油发动机的广泛应用，人们仍有机会体验内燃机那种充满激情的轰鸣。

6.4 无木之火话沼气

人类发现、利用沼气已有悠久的历史。1776年，意大利科学家沃尔塔研究沼泽水底冒出的一连串的气泡，分析其主要成分为甲烷和二氧化碳等气体。由于这种气体产生于沼泽地，故俗称"沼气"。科学地讲，沼气是人畜粪便、秸秆、污水等各种有机物在密闭的沼气池内，在一定的水分、温度和厌氧（没有氧气）条件下，经过种类繁多、数量巨大且功能不同的各类微生物的分解代谢，最终形成甲烷和二氧化碳等混合性气体的复杂的生物化学过程（图6.7）。研究发现，沼气不只含有甲烷和二氧化碳，还有少量的氢气、氮气、一氧化碳和硫化氢。由于低浓度的硫化氢有臭鸡蛋的气味，所以沼气总是会带有臭味儿。

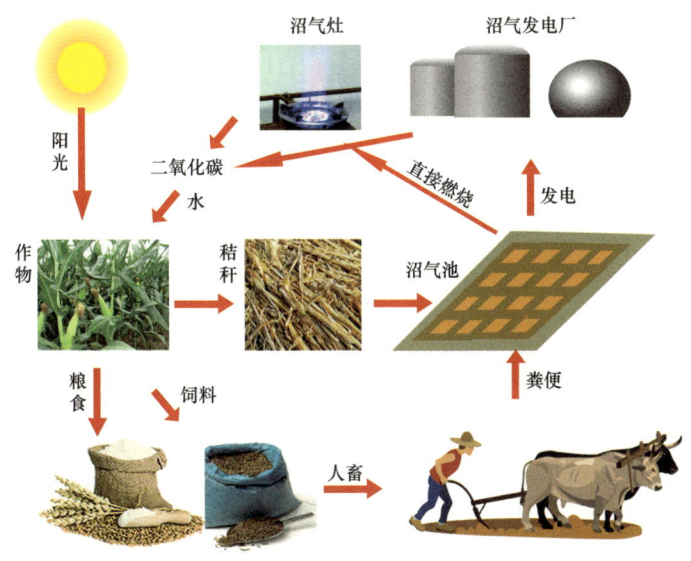

图 6.7 沼气的来源

沼气是一种分布广泛的资源，含甲烷浓度为 50%～65% 的沼气，经过净化提纯工艺后，可以得到含甲烷浓度 90% 以上的生物天然气。沼气的产生包含三种类型的转化机制，分别是水解、氧化还原和甲烷化，生产流程并未严格切割三种转化的顺序，而是令这些转化在同一反应容器中同时自由发挥。水解转化主要是微生物分解有机质，形成溶于水的小分子化合物。氧化还原转化主要是利用产氢菌和产酸菌，把水解产生的单糖、多肽、氨基酸等小分子，转化为简单的有机酸、醇和二氧化碳、氢气、硫化氢等。甲烷化转化是最终产生甲烷的步骤，包括多种反应，如有机酸分解成甲烷和二氧化碳，或氢气还原二氧化碳形成甲烷，或以甲基化合物为原料生物合成甲烷。

中国沼气装置建设起步于 20 世纪 70 年代，当时广大农村地区生产队集中圈养牲畜，沼气原料比较充足，沼气也极适用于农村大食堂等集体用能场景，一时间沼气利用红红火火地发展起来。但是，中国农村的沼气利用兴盛过一段时间后，慢慢又归于沉寂。主要是原料来源、装置维护等方面的原因。农村沼气生产的主要原料是猪粪、秸秆、污泥和水等，生产出来的沼气量较小，大多用于取暖、炊事和照明等低能量强度的应用。农村沼气的原料来源非常有限，一户两户的原料供应可能不会有问题，家家户户一起建沼气装置，原料就会供应不足。沼气装置的维护也是一个大问题，虽然沼气装置可以是很小型的简化装置，但仍不能改变它是一个生物化工装置的本质，对它的维护应该是专业的、工业化的，这个要求在农村难以普遍得到满足。

随着社会对可再生能源需求的增加，沼气再次走进人们的视野。沼气应用终于走向了大型工业化工程的发展道路，主要包括大规模集中供气（城镇管道生物燃气）、燃气发电（热电联产）、车用燃气和沼气燃料电池等（图6.8）。未来沼气技术必定会紧跟城市化与现代化的发展脚步而更加普及。

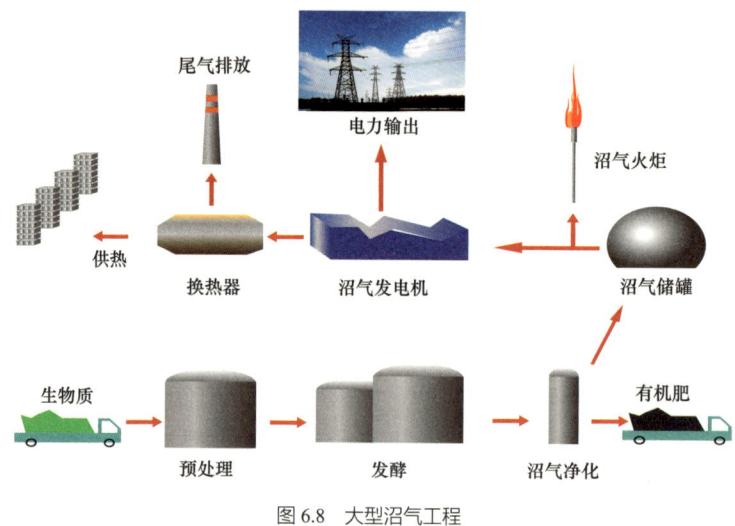

图6.8 大型沼气工程

6.5 陈粮变燃料乙醇

粮食问题历来是人类社会优先考虑的大问题。儒家经典《礼记·王制》提到："国无九年之蓄曰不足，无六年之蓄曰急，无三年之蓄曰非其国也"。意思是说一个国家如果没有三年的存粮，就算不上正常的国家。中国对粮食的重视由来已久，早在战国时期，魏国名相李悝就提出了平籴法，由国家统一管理，在丰收时平价收购粮食储存，发生饥荒时又平价卖给农民，取有余以补不足，以防谷贵伤民，或谷贱伤农。平籴法在汉代演化为常平仓，后来常平仓制度不断以各种形式出现在中国各个朝代，在各朝代兴盛时期均起到良好作用。20 世纪 30 年代，常平仓概念因陈焕章先生在其留美博士论文《孔子及其学派的经济原理》中的介绍而传入美国，促使美国建立了粮食储备制度。

粮食储存是一件利国利民的好事，但也由此产生了粮食陈化的问题。粮食本质上是有机物，不仅人可以食用，虫类及各类微生物也可以食用，加上自然条件下的降解作用，当储存超过一定时间后，粮食的品质会发生变化，变得不宜食用。不同粮食的耐储性能有所区别，小麦通常可以正常储存 5 年而不变质，大豆则只能保存 2 年。一般而言，粮食储存超过一年即为陈粮，储存一年至三年的陈粮仍可食用，储存时间超过安全年限的粮食，则需要经检测证明品质良好方可食用。陈粮虽然可以食用，口感和营养却无法与新粮相比，因而价值下降，如果发生变质现象，经济损失就会更大。而燃料乙醇等生物质利用技术则可以充分利用品质下降的陈粮，在一定程度上避免了粮食储存品质下降造成的损失。

燃料乙醇是指通过微生物的发酵，将各种生物质转化为燃料酒精。它可以单独或与汽油混配制成乙醇汽油作为汽车燃料（图 6.9）。第一代燃料乙醇是将玉米、小麦等粮食作物作为原料，将粮食中的淀粉经过微生物发酵转化为糖类，再由糖类发酵转化为乙醇。

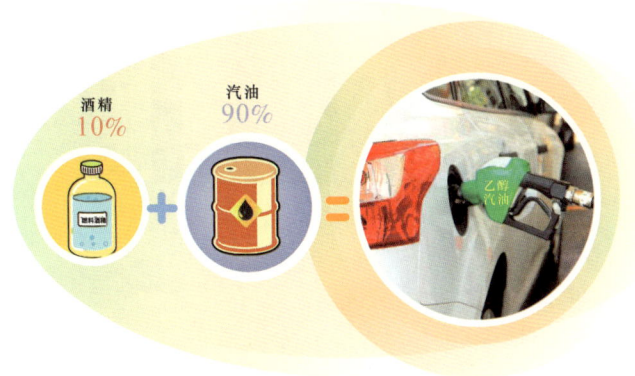

图 6.9　车用燃料乙醇汽油

燃料乙醇是世界消费量最大的液体生物燃料。据美国可再生燃料协会统计，2019 年（2020 年，受新冠肺炎疫情影响，全球燃料乙醇产量大幅下降），世界燃料乙醇产量 8672 万吨，比 2014 年增长 16%，混配出约 6 亿吨乙醇汽油，超过同期全球车用汽油消费总量的 60%。全球已经有 66 个国家推广使用乙醇汽油。美国是全球第一大燃料乙醇生产国，2019 年产量约占全球总产量的 54%，主要以玉米为原料（图 6.10）。E10 乙醇汽油在美国基本实现全境覆盖，并逐步开始使用 E15 乙醇汽油。巴西是世界第二大乙醇汽油生产国和消费国，以甘蔗为主要原料，2019 年产量约占全球总产量的 30%，燃料乙醇替代了巴西国内约一半以上的汽油。中国目前市面销售的车用乙醇汽油，是指在汽油组分中按体积加入 10% 变性燃料乙醇调和后作为汽车燃料用的汽油，因此也称"E10 乙醇汽油"。中国已成为世界上继巴西、美国之后第三大生物燃料乙醇生产国和应用国（图 6.11）。

图 6.10　玉米乙醇

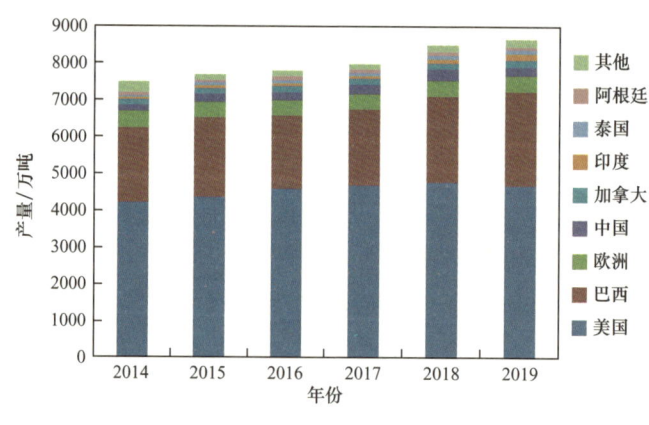

图 6.11　世界燃料乙醇产量

我们永远也不要小瞧工业化生产的威力，事实上，每年替换下来的陈粮，根本无法满足大规模生产燃料乙醇的工业需求，于是许多已建成的燃料乙醇生产装置将目光投向了新粮，甚至专门安排原料种植的土地，形成了与人争粮和与粮争地的现象，这是生物质利用装置建设之前未曾预料的局面。因此，中国已经不再建设新的以玉米为主要原料的燃料乙醇项目，而是大力鼓励发展以非粮作物为原料开发燃料乙醇。各大燃料乙醇公司不得不寻找非粮原料的燃料乙醇发展路径，木薯、甘蔗、甜高粱等原料成为发展的重点。

与风能、太阳能相比，燃料乙醇燃烧后，虽然会排放二氧化碳，但是由于生产燃料乙醇的植物，在生长过程中本身又吸收二氧化碳，从循环角度来讲，它也属于符合低碳概念的清洁能源。利用陈粮生产燃料乙醇，虽然不宜持续扩大生产能力，但这种陈粮消纳方式在粮食储备循环中的作用非常重要，一方面可以改善城市粮食供应品质，另一方面又提供了清洁的动力燃料。因此，以陈粮为原料生产燃料乙醇是现代社会运行体系中比较重要的环节。

6.6　地沟油"变"生物航油

餐馆酒店在经营过程中会产生大量餐饮废油，其中相当一部分被排放到下水系统，所以餐饮废油常被称为地沟油。地沟油的处理历来是一件比较麻烦的事情，甚至被一些不良商家回流到餐桌。

2015年，一则"地沟油开飞机"的信息让人们兴奋不已，中国石化自主研发的生物航油载客商业首飞成功，飞行使用生物航油的原料是餐饮废油，标志着中国航空业在节能减排领域中进入新的阶段（图6.12）。

生物航油又称"绿色航油"，是可用作飞行燃料的一种低碳环保的生物航空煤油。生物航油的主要原料为棕榈油、餐饮废油，在使用时需要与普通航油按照1∶1比例加注到飞机上。

生物航油质量标准要等同于高标准的航空煤油。因此，生物航油也称为生物航煤，其性能与普通航油非常相似，是优质的化石燃料替代品。为了保证飞行安全，这类混合油必须要经过民航局严格审查，完成发动机台架验证和试飞验证，获得生物航油技术标准规定项目批准书（CT SOA），才能投入使用。

图6.12　地沟油开飞机

生物航油是"环境友好型选手"，可降低飞行过程的总体碳排放量，对减少柴油消耗、缓解高品质燃料油供应紧张的问题有重要的意义。生物航油又是如何从地沟油变废为宝的呢？生物航油主要是通过酯交换化学反应获得，在其生产工艺中有两个"拦路石"，即地沟油含水与高冰点。人们都知道餐饮废油在气候寒冷的环境会凝固，必须降低它的冰点，才能保证航油在低温环境下正常燃烧利用。生物航油生产中难以避免产水，而水分会使降低地沟油冰点的催化剂失效，形成了难以调和的矛盾。中国石化研发了新脱水工艺和新型催化剂，解决了地沟油脱水和常温下流动差的问题。通过实验测试，新工艺生产出来的生物航油冰点由0℃以上降至零下40℃以下，至零下61℃才开始有结晶反应，远超普通航油对冰点的要求，缺点是成本较传统航煤高2~3倍，工艺仍比较复杂。

随着国际民航业的发展，全球航空燃料碳排放已占全球碳排放总量的2%，目前这一比例仍在不断上升。相较于传统航煤，生物航煤可实现减排二氧化碳 55%～92%，不仅可以再生，具有可持续性，而且无需对飞机发动机进行改装，具有很高的环保优势和适航性。

生物航煤技术将废弃油回收再利用，解决了地沟油流向餐桌的社会问题，同时为减少碳排放提供了新方案。餐饮废油用于燃料的技术路线，今后将成为城市生态圈和碳循环的重要组成部分。

6.7 秸秆废物能发电

随着社会发展，中国农业正在从一家一户的个体模式，向大规模工业化模式转变，农村用能也从零散的自主解决向现代化燃气供应转化，在这个过程中，秸秆问题成为一个进退两难的痼疾。

秸秆问题出现的最根本原因，在于农业现代化发展过程中，秸秆从家用燃料位置上的退出。原来一家一户的农业生产模式中，秸秆几乎是每个家庭唯一的燃料，取暖做饭都要靠秸秆。随着社会发展，秸秆作为燃料既不充足，也得不到环保部门的认可，于是秸秆成为需要加以处理的农业废弃物。曾经有专家建议将秸秆在农田里就地粉碎作为底肥，既可以改善土壤透气性，又能恢复土壤肥力。就地粉碎方法在部分地区推行过一段时间后，随之而来的新问题令人大跌眼镜。首先是秸秆的量太大了，降解速度跟不上生产需求，本来作为底肥的秸秆成为土壤漏气漏水的元凶，直接干扰了农业生产。另外，秸秆就地粉碎把大量虫卵和病菌留在了农田当中，会在接续的生产过程中引发非常严重的病虫害，造成了很坏的影响。这两个问题使就地粉碎秸秆的道路被彻底堵死。于是在中国许多地区，出现了秸秆被当作农业废料就地焚烧的现象，尤其在春季耕种之前，高涨的火焰和滚滚黑烟弥漫在农村的田间地里，造成严重的环境污染（图 6.13）。

秸秆真的毫无用处吗？答案是不仅有用，而且还是一种宝贵的生物质可再生能源，2 吨秸秆的热值相当于 1 吨标煤，且秸秆燃烧过程中，造成的二

图 6.13 收割后的焚烧

氧化碳和二氧化硫排放增量远远少于煤燃烧。发电是秸秆有效利用的一种重要途径，其原理是秸秆通过燃烧，由化学能转换为蒸汽热能，在汽轮机中，蒸汽的热能转变为在叶轮旋转的机械能，最后在发电机中机械能转换为电能。

秸秆是如何发电的呢？有四种途径可以实现。

一是直接燃烧发电。燃烧发电是最成熟、发展规模最大的现代生物质能利用技术，其技术原理是将秸秆等低密度生物质经过简单处理，直接投入燃烧炉进行发电。该技术方式较气化发电多消耗生物质 30%，不适宜配高功率参数发电机，综合效率较低。

二是混合燃烧发电。将生物质原料与煤混合作为燃料，可以直接燃烧，也可先气化生物质原料，将燃气与煤混合燃烧产生的蒸气送入汽轮机发电机组。

三是气化发电。经过气化炉的生物质原料转变为气体燃料，净化后直接在燃气机中燃烧发电或者在燃料电池中发电。

四是沼气发电。将生物质和生活污水一起混合放置在水解池中，除去杂质后，按一定比例送至反应罐中进行发酵，生成的气体经处理后得到符合燃气发电要求的沼气，再将这些沼气送入内燃机燃烧发电。

秸秆处理是农业大国发展过程中的普遍问题，是中国从农业社会向工业社会发展过程中无法回避的诸多问题之一。中国是秸秆资源大国，每年可收集秸秆资源量多达7亿吨，且产量仍在逐年增加。处理这些秸秆最好的办法，就是把它们充分利用起来。发电是秸秆资源利用的重要方向。借助良好的生物质发电产业基础，一定能够妥善处理中国的秸秆问题，把秸秆废物变为发电宝物。

6.8 生物质能世界之最

生物质能既是最原始的能源种类，也是新兴可再生能源的代表，还是唯一不干扰自然碳循环的含碳能源。诸多身份合一的生物质能近年来在世界范围内广受重视，成为许多国家能源结构调整的重要支柱。生物质能源的应用领域非常宽广，可以直接作为燃料获取热能，也可以用来发电（图6.14），还可以制成气体、液体及固体的燃料用于工业化能源供应。

图6.14 生物质发电厂

在欧洲，生物质发电多与燃煤发电耦合运行，世界上最大的混烧生物质电厂是芬兰的 Oy Alholmens Kraft 电厂，每小时燃烧 800 立方米燃料，容量为 265 兆瓦，该厂使用的锅炉是世界上最大的循环流化床锅炉，能够以任意比例混烧生物质燃料，目前其生物质燃料占比约 45%。

> **小贴士**
>
> 循环流化床锅炉是一种新型蒸汽锅炉，其基本特征是采用流态化燃烧，运行风速高，强化了燃烧和脱硫等非均相反应过程，锅炉容量可以扩大到电力工业可以接受的大容量（600 兆瓦或以上等级）。循环流化床锅炉很好地解决了热学、力学、材料学等基础问题和膨胀、磨损、超温等工程问题，成为难燃固体燃料（如煤矸石、油页岩、城市垃圾、淤泥和其他废弃物）能源利用的先进技术。

生物柴油最早在 1895 年由德国工程师鲁道夫·狄塞尔提出，德国、美国、巴西等是研究和应用生物柴油最早的国家。1980 年美国制定了国家能源政策，明确提出以生物柴油替代石化柴油战略，目的在于促进本国可再生能源应用。其他欧洲国家也非常重视低碳技术，这使欧盟成为目前世界上生物柴油最大产销区。

燃料乙醇领域的领头羊是美国与巴西。美国燃料乙醇产业在 20 世纪 70 年代石油危机之后起步，经过 40 多年的发展，在产量、产能、市场、技术等方面均处于全球领先水平，是世界燃料乙醇产量最高的国家，2020 年产量约占全球总产量的 53%。巴西是最早大规模使用乙醇作为石油替代燃料的国家，早在 1975 年，巴西政府就制定了大力发展燃料乙醇的行动计划。2020 年巴西燃料乙醇产量占全球总产量的 30%。

欧洲是利用沼气最早、技术最成熟的地区，1860 年，法国科学家穆拉发明了世界上第一个沼气发生器。德国是沼气利用最多的国家，拥有较为完善的沼气研发利用体系和政府能源管理政策，1976 年德国建设了第一座工业化沼气生产工程，截至 2018 年，德国沼气项目 9494 个，沼气年发电量 331 亿千瓦·时。

东南亚地区生物柴油的生产起步较晚，但发展速度较快，盛产棕榈油的马来西亚和印度尼西亚，是东南亚地区生物柴油发展最快的国家，两国粗棕榈油总产量约占全球产量的85%。

截至2020年底，中国已投产生物质发电项目1353个，并网生物质发电装机容量达29.52吉瓦，年发电量1326亿千瓦·时，年上网电量1122亿千瓦·时，是世界上生物质发电装机容量规模最大的国家。中国湛江每年大概有400万亩桉树林可以砍伐，由于桉树生长周期短，加工过程产生废料多，这些废料都可以作为生物质发电厂的燃料，此外，秸秆、甘蔗叶和甘蔗渣也是可用的电厂燃料。因此湛江建设了生物质发电厂，规划总装机容量为4×50兆瓦，一期工程2×50兆瓦，是中国国内单机容量及总装机容量最大的纯燃生物质发电厂，也是世界上最大的生物质发电厂，每年输出电量达到6.5亿千瓦·时以上。

生物质能是最具发展前景的绿色低碳能源，随着科技的发展，一家一户的灶台早已无法容纳日益壮大的生物质能应用。生物柴油、生物乙醇、生物质发电与沼气发电，取代了薪柴成为生物质能利用的四条新主线，经过三次能源革命后，生物质能再次成为能源结构的主体之一。欧美等发达国家已经拥有了非常成熟的生物质发电技术，其中一些国家甚至以生物质发电和供热作为主要能源来源。中国的生物质能利用技术起步较晚，但发展速度很快，期待中国的生物质能应用像农业时代薪柴一样，成为能源领域的重要组成。

七　蓝色海洋宝藏
——海洋能

　　传说中，海里的龙宫拥有数不清的宝物。龙宫虽然只是传说，但海洋蕴藏的宝藏的确数不清。其中，非常值得一提的是海洋能。海洋占据了地球表面 70% 多的面积，如果将所有海洋中蕴藏的能量加以利用，对人类社会的发展，将起到不可估量的推动作用。但是从海洋中提取能量非常不易，为此人们想了很多办法，设计了许多方案，其中有些方案已经得到了验证。相信不久的将来，海洋能将作为重要的清洁能源，造福人类社会。

7.1 月有圆缺，潮有起落

潮汐是一种自然现象，在海湾或江河入海口，每天可见到两次海水的涨落，早称潮，晚称汐。潮汐是多种因素共同作用的结果，中国古代余道安《海潮图序》一书中说："潮之涨落，海非增减，盖月之所临，则之往从之。"哲学家王充在《论衡》中写道："涛之起也，随月盛衰。"指出了潮汐跟月亮有关。随着科学进步，人们发现影响潮汐的因素主要包括月球与太阳的引力、地月系统旋转的离心力、海底及海岸的形状等。

水无常形，良好的流动性使其很容易向引力的方向聚集，在外部引力的作用下，海水的区域性聚集就形成潮汐。海水所受外部引力主要是月球与太阳的引力，简化估算，如果地球完全被等深海水覆盖，月球引力约可提升海水水位 0.56 米，太阳引力约可提升海水水位 0.25 米。由于地球自转，地球多数位置每天正对月球和背对月球各一次，共形成两次潮汐。背对月球时形成的较小潮汐，主要由地月系统公转的离心力造成，正对月球时的较大潮汐是月球引力的结果。如果太阳位于月球、地球连线的侧面，月球与太阳对海水的引力会互相抵消，海水涨落形成的潮差最小，这种潮汐被称为小潮（图7.1）。如果太阳、月球、地球三者位于同一直线上，月球与太阳的引力会对海水造成叠加的影响，海水涨落形成的潮差最大，这种潮汐被称为大潮（图7.2）。

影响潮汐的因素还有海底与海湾的形状，当潮汐涨落时，海底与海湾的形状会以共振、收聚等形式影响水的运动，从而增加或减少潮涨，形成全日潮、半日潮与混合潮等不同的潮汐现象，因此不同的地区常有不同的潮汐系统。在狭深的海湾里，涨潮会把大量的海水带到一个逐步收窄的区域内，造成潮位堆高、潮差增大的现

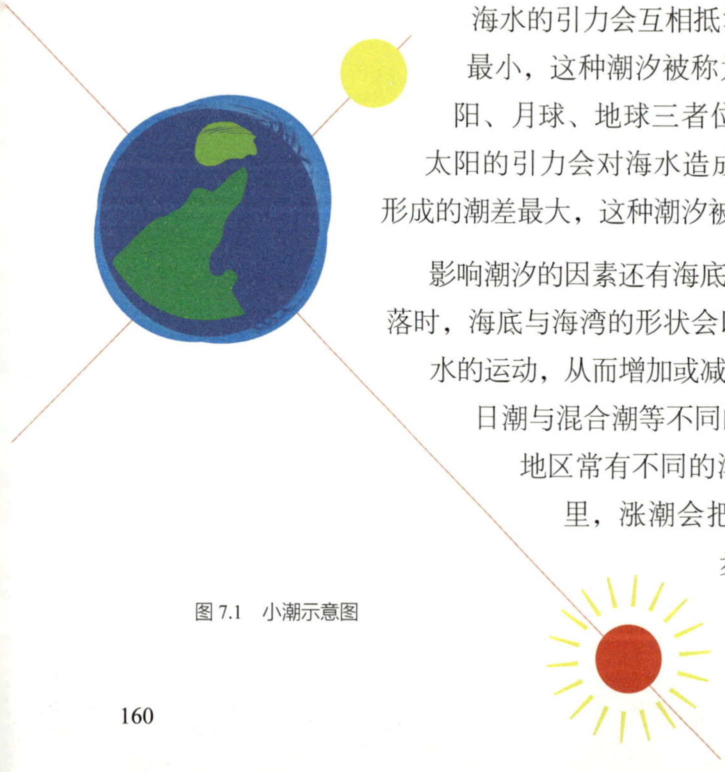

图 7.1 小潮示意图

七　蓝色海洋宝藏——海洋能

象。著名的钱塘江潮就是这类大潮，当潮流涌来时，潮端陡立，水花四溅，像一道高速推进的直立水墙，前浪尚未消散，后浪又赶上来，一浪高过一浪，声如雷鸣，排山倒海，形成"势雄驱岛屿，声怒战貔貅"（宋范仲淹）的奇景。

图 7.2　大潮示意图

声势浩大的潮汐中蕴含着巨大的能量，唐代宋务光在《海上作》中写到"旷哉潮汐池，大矣乾坤力。浩浩去无际，沄沄深不测"，形象地写出了潮汐中蕴含巨大能量的特点。潮汐的能量与潮量和潮差成正比，粗略估算，地球上所有潮汐能的蕴藏量约为 30 亿千瓦，可开发部分约为 2%。中国海岸线曲折，沿海还有 7000 多个大小岛屿，这些海岸蕴藏的潮汐能在 1 亿千瓦以上，可利用率约 20%。

潮汐能不污染环境，不影响生态平衡，潮水每日涨落，周而复始，用之不竭，是相对稳定的可靠的可再生能源（图 7.3）。

图 7.3　潮来潮往连绵不绝

7.2 潮守信约，汐奉电力

潮汐能的主要利用方式是潮汐发电，以潮汐能来发电需要两个基础条件，首先潮汐的幅度必须大，通常 3 米以上的潮差才有开发价值。其次海岸地形必须适合修建水库以储蓄大量海水。

潮汐发电与普通水力发电原理类似，即在河口或海湾筑坝建造水库，水轮发电机组安装在拦海大坝里（图 7.4）。如果建一座水库，涨潮时将海水储存在水库内，以势能的形式保存，落潮时放出海水，就可以带动发电机发电。这种潮汐电站仅在落潮时发电（也可改成只在涨潮时发电），因此称为单水库单程式潮汐电站。由于潮水涨落的对称性，单一水库也可以做到涨潮落潮时均可发电，这种电站称为单水库双程式潮汐电站，大大提高了潮汐能的利用率。

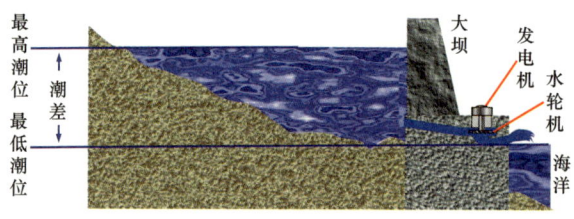

图 7.4 潮汐发电示意图

为了更有效地利用潮汐能，人们又发明了双库潮汐电站。它建有两个相邻的水库，一个水库在涨潮时进水，另一个水库在落潮时放水，这样前一个水库的水位总比后一个水库的水位高，故前者称为上水库（高水位库），后者称为下水库（低水位库）。水轮发电机组放在两水库之间的隔坝内，两座水库始终保持着水位差，故可以全日连续发电。

利用潮汐能发电的装置，可以通过合理设计实现全年总发电量基本恒定，所以潮汐能是相对稳定的可靠能源。潮汐电站建设在潮水淹没区，不存在人口迁移、淹没农田等复杂问题，而且还可用拦海大坝促淤围垦，形成水产养殖、水利等综合利用体系。

20世纪初,欧、美一些国家开始研究潮汐发电。德国、法国、苏联先后建成潮汐发电站。由于常规电站廉价电费的竞争,建成投产的商业用潮汐电站不多。然而,由于潮汐蕴藏的巨大能量和潮汐发电的许多优点,人们还是非常重视对潮汐发电的研究和试验。

1957年,中国在山东建成了第一座潮汐发电站。温岭江厦潮汐试验电站是目前中国最大的潮汐能发电站,在世界上仅次于韩国始华湖潮汐电站、法国郎斯潮汐电站、加拿大安纳波利斯潮汐电站,位列第四位。该电站的投产发电作为20世纪的大事,被镌刻在北京中华世纪坛的青铜甬道铭文中。2012年,江厦潮汐试验电站1号机组进行增效扩容改造,实现了正反向发电、泵水、泄水"六工况"运行功能,正向水力效率达到88.7%,反向水力效率达到83.2%,成为世界首例在役运行的全功能三叶片灯泡贯流潮汐发电机组,巩固了中国潮汐发电技术的领先地位。

潮汐电站受潮差变化影响,通常存在不同程度的间歇性,装机的年利用小时数不高。潮汐发电机为适应低水头、大流量的发电形式,机体庞大,潮汐电站通常水深坝长,施工、地基处理及防淤等问题较困难,进出水建筑物结构复杂,电机与水道均需做特殊的防腐和防海生生物黏附处理,机电和土建投资大,造价较高。

虽然潮汐发电存在一些尚待克服的技术难题,但随着技术水平的不断完善和提高,这些问题将会得到相应的解决。潮汐能作为清洁可持续的新能源,在今后的能源发展历程中将占有举足轻重的地位。

7.3 风起浪涌,波电无穷

波浪是水的一种运动形式,它的能量来源于海面上空的风能。南唐词人冯延巳的一首词中写道:"风乍起,吹皱一池春水。"意思是风吹过水面时,风把能量传递给水就会在水面产生波纹。当这种能量积累起来,波纹就会强化成为波浪(图7.5)。

图 7.5 惊涛拍岸

波浪具有的能量叫波浪能，波浪能能量密度高、分布面广，是一种取之不竭的可再生清洁能源。海洋占地球表面的 70%，因此波浪能储量十分惊人，在每平方千米的海面上，运动着的海浪约蕴藏 30 万千瓦的能量，全球可供开发的波浪能约 30 亿千瓦。波浪能的大小可以用垂直于波浪方向每米宽度所通过的功率来表示，单位为千瓦/米，称为波浪能密度。波浪能密度很大，台风导致的巨浪功率密度可达每米数千千瓦，通常的波浪年平均功率在每米几千瓦到几十千瓦不等。在太平洋、大西洋东海岸纬度 40°～60°区域，波浪能平均密度可达到 30～70 千瓦/米，某些地方达到 100 千瓦/米，所以波浪能具有很大的开发应用价值。

波浪可以用于发电、抽水、供热、海水淡化以及制氢等。波浪能转换装置是波浪能利用的关键，通常波浪能要经过三级转换：第一级为受波体，它将大海的波浪能吸收进来；第二级为中间转换装置，优化第一级转换，产生出足够稳定的能量；第三级为发电装置，与其他水力发电装置类似。

早期波浪能发电采用气动式波力装置,就是利用波浪上下起伏的力量,通过压缩空气,推动汲筒中的活塞往复运动做功。后来人们发明了更多的波浪发电装置。有岸式和离岸式,有固定式和浮动式,按传动方式可细分为直接机械传动、低压水力传动、高压液压传动、气动传动四种;按结构来分有点头鸭式、波面筏式、振荡水柱式、振荡浮子式等十余种(图7.6)。

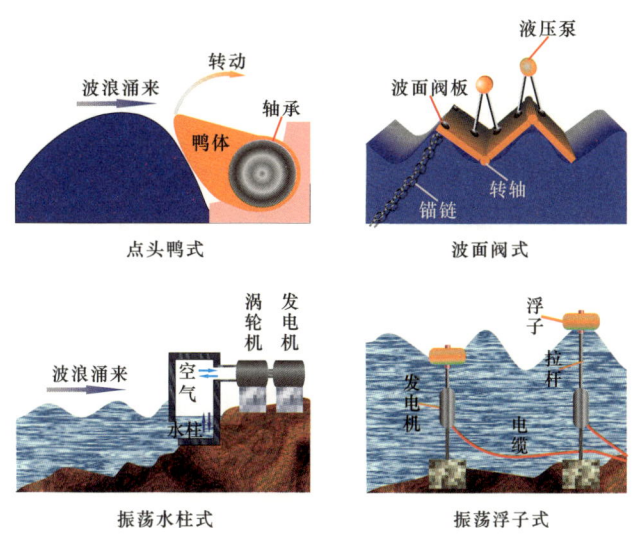

图 7.6　波浪发电原理示意图

20世纪,波浪能利用逐渐步入实用阶段。1910年,法国人建造了一套1千瓦的气动式波浪能发电装置,为住宅提供电力。1965年,日本发明了导航灯浮标用汽轮机波浪能发电装置,成为首次商品化的波浪能发电装置。之后,英国、日本、挪威等波浪能资源丰富的国家,开始把波浪能发电作为解决未来能源的重要一环,大力研究开发。英国先后发明了点头鸭装置、波面筏装置和振荡水柱装置。1978年,日本建造了一艘长80米、宽12米、高5.5米称为"海明号"的波浪能发电船。1985年挪威建成500千瓦的振荡水柱气动式波浪能发电站,是世界最大的岸式波浪能发电站。

中国有广阔的海洋资源,沿海波浪能密度为2~7千瓦/米,波浪能存储量非常可观。中国波浪发电研究成绩也很显著,取得了许多技术进展。

2013年，中国科学院广州能源研究所成功研制100千瓦鸭式波浪能装置，采用漂浮式结构和多级模式的液压系统发电，可适用于不同的波浪状况：在小幅波浪状况下，30千瓦发电机组启动；在中等波浪状况下，70千瓦发电机组启动；在较大的波浪状况下，两台发电机组同时启动，发电功率为100千瓦。2017年，中国电科38所研制的波浪发电装置成功突破波浪能转换关键技术，实现波浪稳定发电，且在小于0.5米浪高的波况下仍能保持工作状态。2020年6月，中国科学院广州能源研究所研发500千瓦鹰式波浪能发电装置"舟山号"，是中国目前最大功率的波浪能发电装置，可在海上独立稳定输出10～24千伏的五种标准电力。

微小的波浪令人难以察觉，而巨大的波浪则有倾覆巨轮的能量。这正是波浪能的缺点，它不够稳定，不能定期产生。另外，各个地区不同位置的波高也不同，造成了波浪能利用上存在一定困难。在波浪能利用的发展历程中，都会伴随着长期的试验、研究和探索，作为新型可再生能源的重要成员，波浪能的研究将持续深入，未来可期。

7.4 日照寒渊，温差生电

大多数物质在一定压力下，随温度的下降，密度会上升。但柔弱的水却有些特殊，在温度高于4℃时，其密度随温度升高而减小，在0～4℃时，水热缩冷胀，密度随温度的升高而增加，因此，4℃时液态水密度最大。

在浩瀚的海洋里，水的密度特性也会形成有趣的现象，太阳照射使海水表面温度升高，由于密度的原因，温度较高的海水表层并不会与靠近海底的低温水层形成对流，这样，就使海洋中的水形成相对稳定的异温层，海洋表层的海水与500米深处的海水温度差可达20℃以上。海洋里上下水层温度的差异，意味着可以从中提取能量，这种由水层温差而提取的能量称为海水温差能，也叫海洋热能。利用海洋热能可以发电，这种发电方式叫海水温差发电。粗略估算，热带海洋的表层海水平均下降1℃，所能获得的电量就相当于当前全世界产出的全部电能。海洋温差能十分稳定,无明显的昼夜变化,可开发量巨大,不需储能装置即可提供基本负荷所需电力,而且完全不排放二氧化碳,可以获得淡水,因而有可能成为解决全球变暖和缺水这些21世纪环境问题的有效手段。

海水温差发电是利用热机原理,通过构建热力循环实现发电的技术。海洋表层海水被太阳能加热,温度可达到25~28℃,是热力循环的热源,距海面500~1000米处的深层海水温度只有4~7℃,是热力循环的冷源,热源与冷源的温差约有20℃,扣除过程中的损耗,最终可获得一半以上的可输出能量。利用海洋表面的温海水加热某些低沸点工质,如丙烷、氨或海水本身等,使之汽化,推动汽轮机运转做功,从汽轮机中排出的气体可以用从深海抽取的冷海水将其冷凝,使之重新变为液态,如此循环,就可以源源不断对外输出有用功了(图7.7)。

> **小贴士**
>
> 热机:是指各种利用内能做功的机械,如蒸汽机、汽轮机、燃气轮机、内燃机、喷气发动机等。热机的本质是将工作物质的内能转化为机械能。

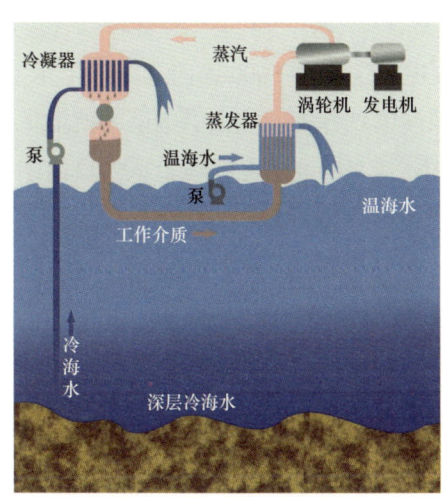

图7.7 温差发电原理图

把热能转变成机械能除了需要热源和冷源,还需要适宜的工作流体作为能量转换和提取的媒介,按照循环过程的特点,可以把海洋温差发电的热力循环体系分为闭式、开式和混合式循环。

闭式循环系统的关键是工作流体,它作为能量转换介质,被温度较高的表层海水加热产生蒸气,驱动汽轮发电机发电,排出废气在冷凝器中被深层低温海水冷却成液体,送回锅炉循环使用。工作流体需要满足密度大、蒸气压力高等条件,适宜的物质通常包括氨、丁烷、氟氯烷等液体。目前闭式循环能源转换效率为3.3%~3.5%,扣除系统本身的能源消耗,净效率为 2.1%~2.3%，能量获取能力还不够强，经济性不理想。

开式循环直接使用温海水作为能量转换介质。首先将温海水导入真空蒸发器，使其部分蒸发，其蒸汽压力约为 3000 帕（25℃），相当于 0.03 个大气压。水蒸气在涡轮机内绝热膨胀，做功后的废蒸汽由深层冷海水冷却成液体水。冷却的方法有两种：一种是水蒸气直接混入冷海水中，称为直接接触冷凝；另外一种是使用冷凝器，水蒸气不直接与冷海水接触，被冷却后得到淡水。

混合式循环与闭式循环类似，只是在闭式循环之前增加了闪蒸过程。混合式循环中，温海水先经过一个闪蒸器，使其中一部分温海水转变为水蒸气，水蒸气与闭式循环的工作流体换热，水蒸气被冷却，所释放的热能将低沸点的工作流体变成工作蒸气。增加闪蒸步骤的意义在于避免复杂管路内部的海洋生物附着、改善开式循环的低容量缺点及增加淡水副产品。新型的海水温差发电装置，前置太阳能光热过程，在太阳能加温池中把海水加热到 45~60℃，甚至达到 90℃，然后再把热水引入闪蒸器蒸发为蒸汽进行发电，可以大幅提升装置发电效率。

海洋温差电站可分为陆基电站和漂浮电站。离岸 5000 米内水深达千米、温差达 18℃ 的海岸，可建立陆基电站。漂浮电站分为向陆上供电型和就地生产能量密集产品型。受电缆送电经济距离限制，供电型电站一般认为负荷中心离岸不得超过 100 千米。离岸 30 千米以上时，最好采用直流输电。

1881 年，法国物理学家雅克-阿尔塞纳·阿松瓦尔（Jacques-Arsène d'Arsonval）提出利用海洋温差发电设想，1926 年，阿松瓦尔的学生克劳德通过试验，成功地验证了海洋温差发电的设想。此后 20 多年间，克劳德一直尝试将温差发电技术实用化，但始终未能如愿，这项技术从此被束之高阁。直到 20 世纪 70 年代石油危机爆发之后，人们才重新开始关注海洋温差发电。此后，日本、法国、比利时等国相继建成了一些海洋温差能发电站，功率从 100 千瓦至 5 兆瓦不等。日本在海洋温差能研究开发方面投资力度很大，并在海洋热能发电系统和换热器技术方面处于领先地位，迄今共建造了

3座海洋温差试验电站，均为岸基式。2012年1月，中国国家海洋局第一海洋研究所的15千瓦温差能发电装置研究及试验获得成功，使得中国成为第三个独立掌握海水温差能发电技术的国家。

据估算，从北纬20°到南纬20°区间的海面范围内，只需用其中一半的温差能来发电，便可以获得600亿千瓦的电能。虽然海洋温差发电的经济性还不够理想，但由于资源量极其丰富，仍是可再生能源发电中最有潜力的方式之一。用海水温差发电，可以副产淡水，一座10万千瓦的海水温差发电站，每天可产生378立方米的淡水，可以用来解决工业用水和饮用水的需要。同时，发电过程抽取的深层冷海水中含有丰富的营养盐类，会吸引浮游生物和鱼类，可以增加近海捕鱼量。若将发电、海水养殖及供应淡水结合起来综合开发，可能会取得更好的经济效果。

7.5 汹涌无波，海流发电

烟波浩渺的大海壮观美丽而又充满了神秘，许多冒险小说都会有这样的情节，主人公因某种原因落入大海，昏迷中被海水带到一个未知的沙滩上。海水之所以能够带人上岸，主要原因就是大海中存在各种各样的海流。

海流又称洋流，是海水在海面风力、地球自转偏向力、引潮力、摩擦力等因素的作用下，发生的相对稳定的大规模流动，其流动的情况还受到海底地形、海岸轮廓和水深的影响。海流有各种各样的形式，比如风海流、密度流、补偿流、潮流、河川泄流等，它们流动方向不同，有水平也有垂直。

海洋里规模较大的海流，多由强劲而稳定的风吹动形成，这种海流叫作风海流，风海流仅限于海洋上层和中层。不同区域海水密度不同而产生的海水流动，称为密度流，也叫梯度流、热盐环流或地转流。密度流既可以发生在海洋的上层和中层，也可以发生在深层。由于海水的连续性和不可压缩性，某处海水流走了，相邻区域的海水就会流来补充，这样就产生了补偿流。海洋潮汐在涨落的同时，还有周期性的水平流动，这种水平流动称为潮流。河川径流在入海口附近的海区所引起的海水流动称为河川泄流。而在海洋的大陆架范围或浅海处，还有复杂的大陆架环流、浅内海环流、海峡海流等浅海海流，有时也将波浪与海岸相互作用，形成的垂直于海岸的海流和平行于海岸的海流分别称为裂流与顺岸流。按照温度的差异，海流可分为寒流和暖流。

海流能是指各类海流所具有的动能，也常指以技术手段开发海流所得到的能量，是一种以动能形态出现的海洋能。海流能的能量与流速的平方和流量成正比。与波浪能相比，海流能相对平稳且更具规律性，是一种很好的可再生能源。通常，最大流速在2米/秒以上的海流，其中蕴含的海流能均有实际开发价值，粗略估算，全世界海流能功率可达数十亿千瓦。

海流的动能可以推动涡轮机发电，与风力发电原理相近，所以可以用风力电机的结构样式作为海流发电机的设计参考（图7.8）。由于海水的密度约为空气的1000倍，且海流发电装置必须放置于水下，所以在设计海流发电装置时，除了要考虑主机尺寸与功率以外，还必须关注包括安装维护、电力输送、防腐、海洋环境中的载荷与安全性能等诸多关键技术问题。

通常海流发电装置包括五个"职能部门"：支撑系统、捕能系统、传动发电系统、电能变换与控制系统、电力传输与负载系统。

图7.8 海流发电

海流发电因其平稳可靠而受到许多国家的重视。美国、日本、中国、意大利、英国、挪威、菲律宾、韩国和加拿大等都在大力研究试验海流发电技术。1973年，美国试制了"科里奥利斯"巨型海流发电装置。装置采用管道式水轮发电机，主体机组长 110 米，管道口直径 170 米，安装在海面下 30 米处。在海流流速为 2.3 米/秒条件下，该装置获得 8.3 万千瓦的功率。日本近海海流十分稳定，以黑潮为首，其设备利用率可达 40%～70%，2017 年，日本在鹿儿岛县口之岛海域试验输出功率 100 千瓦级海流发电装置。

中国沿海是世界上海流能功率密度最大的地区之一，粗略估算功率总量可达 1000 多万千瓦，其中辽宁、山东、浙江、福建和台湾沿海的海流能较为丰富，拥有多条能量密度为 15～30 千瓦/米^2 的海流，特别是浙江舟山群岛的金塘、龟山和西堠门附近，海流平均功率密度在 20 千瓦/米^2 以上，开发环境和条件很好。

强大海流经过的位置往往并不适合建立固定的发电装置，人们就把海流发电装置安放在船上，这样只要把发电船锚定在海流中心，就可以顺利进行发电，所得电力通过可收放的拖曳电缆传送到岸上，遇到灾害天气发电船还可以转移阵地躲进避风港。采集海流能量的装置通常采用螺旋桨结构，但也有人发明了伞式海流发电装置，其原理与中国古代竹筒水车类似，连串的伞式结构收集能量时小伞张开，回收小伞时伞面闭合减少阻力，也取得了很好的发电效果。

7.6 浓淡相宜，盐差发电

"墙角数枝梅，凌寒独自开。遥知不是雪，为有暗香来。"这是宋代王安石的诗作《梅花》，诗中提到梅花暗香袭来，可令人"遥知"，我们为什么能在相隔很远的地方闻到花香呢？这个现象可以用扩散理论加以解释。扩散是物质在浓度差或其他推动力的作用下，通过微观热运动形成空间迁移的现象，是质量传递的一种基本方式。花的香气会被远处的人闻到就是香气分子四处扩散的结果。

以浓度差为推动力的扩散，即物质组分从高浓度区向低浓度区的迁移直到均匀分布，是自然界和工程上最普遍的扩散现象。20世纪末以来各种便携电子产品的锂离子电池，其原理就是锂离子从高浓度向低浓度扩散过程中释放出电能。

在河海交界的区域，也存在浓度差现象，海水与淡水之间的浓度差约有3%，这种浓度差称为盐差。当具有盐差的两种液体混合时，浓溶液中的盐类离子就会自发地向稀溶液中扩散，直到浓度均匀为止，这个过程会释放出能量。通常把具有盐差的不同水体之间的化学势能称为盐差能，这是以化学能形态出现的海洋能，是海洋能中能量密度最大的一种可再生能源。

作为海洋生态能源的一部分，遍布世界各地的河口所蕴含的巨大盐差能如果能够有效利用起来，将是一笔宝贵的绿色能源。据估计，世界各河口区的盐差能达30太瓦（1太瓦=1000吉瓦=1×10^{12}瓦），能利用的有2.6太瓦，占世界能源需求的近20%。早在1939年，美国科学家就提出开发盐差能的设想，1973年以色列科学家西德尼·洛布研制出第一台盐差能实验室发电装置，随后瑞典、日本、中国等也相继开始了这方面的研究，并制成了实验型发电装置。2009年，世界上首个盐差发电站在挪威建成并投入使用，采用渗透压能法，输出功率约2000瓦。

利用大海与陆地河口交界水域的盐差能，是未来可再生能源发展的重要方向之一，20世纪70年代以来，世界各国开展了许多提取盐差能方法的研究，形成了渗透压能法、反电渗析法、蒸汽压能法等技术路线。

渗透压能法装置一般设在河流入海口处，河水和海水经过预处理后分别进入由半透膜分隔的淡水室和浓水室，由于半透膜两侧的渗透压差，淡水自动向浓水渗透，从而使浓水体积增大。体积增加后的浓水一部分直接推动涡轮发电，另外一部分经过压力回收装置排出。如此一来，盐差能转化为压力势能，压力势能又转变为电能，完成了盐差发电过程（图7.9）。在此过程中，需要不断向浓水室泵入海水，通过保持浓水盐浓度而维持稳定的渗透压。

反电渗析发电原理最早由英国工程师R.E.Pattle于1954年提出，1970年前后半透膜生产实现商业化，人们才可以尝试建造将盐差能转化为电能的装置。这种装置的核心部件是只允许阴离子通过的阴离子渗透膜，和只允许阳离子通过的阳离子渗透膜。在装置内部，两种不同的渗透膜交替放置将阴阳离子隔开，利用定向渗透形成的浓差电位差产生电能，因此反电渗析法也称浓淡电池法。

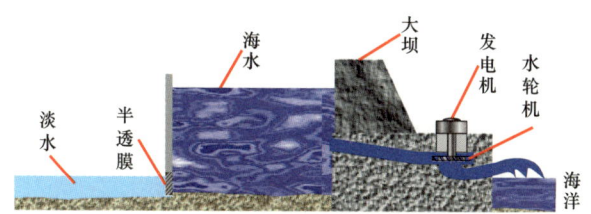

图 7.9　渗透压能法盐差发电示意图

蒸汽压能法是利用盐水与淡水在相同温度下，饱和蒸汽压不同的性质来提取能量的方法（图 7.10）。在同一温度下，盐水的饱和蒸气压比淡水的饱和蒸汽压小。它们之间存在的蒸汽压力差可以推动气流运动，从而驱动涡轮机发电。在这个过程中，淡水蒸发吸热，温度降低，蒸汽压也随之降低。而水蒸气在盐水端凝结放热使盐水温度升高，蒸汽压升高，于是通道两端压力差逐渐变小，水蒸气的流动也会变弱。若通过换热器将热能不断地从盐水传递到淡水，使淡水和盐水始终保持等温，就能保持水蒸气恒定的流动。

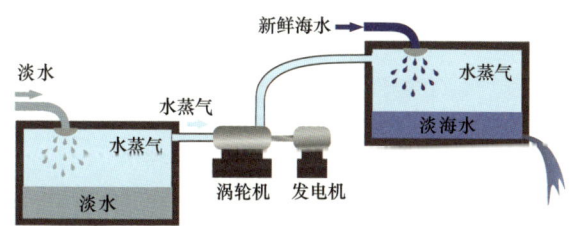

图 7.10　蒸汽压能法盐差发电示意图

随着能源转型的需求日益迫切，各国对盐差能发电的重视程度逐渐加深，对发电技术的研究也将更加深入。两水相逢，浓淡相宜，在海洋能开发越来越兴盛的时代，相信盐差能的开发利用一定会迎来崭新的局面。

7.7 世界最大的潮汐发电站

据估算，所有海洋能源技术的发电潜力总和为 45000~130000 太瓦·时，这意味着海洋能源可以满足目前全球电力需求的两倍以上。然而，技术的瓶颈阻碍了我们探索海洋能源的脚步，到目前为止海洋能还在研发的初期阶段，全球海洋能发电装机容量仅有数百兆瓦。潮汐能开发技术是海洋能利用技术中最成熟和应用规模最大的一种（图 7.11）。

由于潮汐蕴藏的巨大能量和潮汐发电的许多优点，人们一直非常重视对潮汐发电的研究和试验。11 世纪，英国、法国和西班牙已经出现利用潮汐能的水车，潮汐水车可提取潮汐能中的一小部分能量，产生 30~100 千瓦的机械能。1912 年德国在石勒苏益格—荷尔斯泰因州的苏姆建成世界第一座潮汐电站。

第一座具有商业实用价值的潮汐电站是法国郎斯电站，位于法国圣马洛湾郎斯河口，河口最大潮差 13.4 米，平均潮差 10.85 米，是世界上著名大潮差地点之一（图 7.12）。电站枢纽建筑物总长 750 米，共安装 24 台能涨落潮双向发电、双向抽水、双向泄水的灯泡贯流式水轮发电机组，总容量 24 万千瓦。工程于 1959 年开工，1966 年全部机组投产，投运 50 余年未出现严重问题。郎斯电站建成后成为世界最大的潮汐发电站，并将这一纪录保持到 2011 年。

图 7.11 工业潮汐发电厂

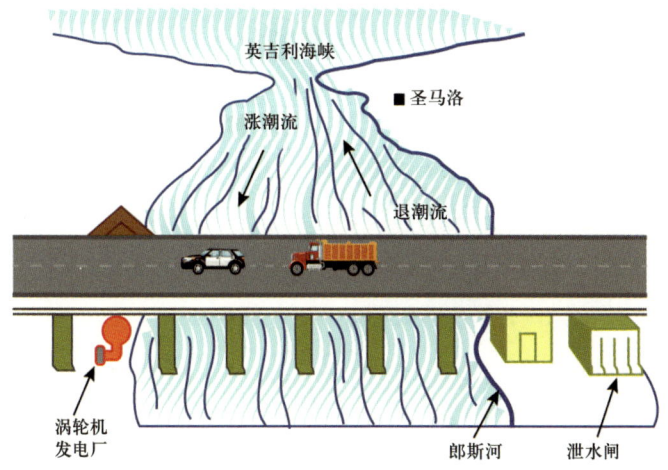

图 7.12　法国郎斯潮汐电站示意图

韩国始华湖潮汐发电站位于京畿道安山市大阜洞始华防波堤正中央的海埔新生地，占地面积约 14 万平方米，2004 年开工建设。2011 年 8 月 3 日，始华湖潮汐发电站正式开始运营，取代法国郎斯电站成为世界上规模最大的潮汐发电站。发电站共有 10 个灯泡连贯式发电机组和 8 个排水闸门，转轮直径 7.5 米，设计水头 5.82 米，10 台发电机合并发电容量达 25.4 万千瓦，能够为一座 50 万人规模的城市提供日常用能。

自 2016 年起，新的全球最大的潮汐能发电计划"MeyGen"在英国彭特兰海峡投入运行。两部涡轮机于 2016 年 8 月刷新单月潮汐发电纪录（达 700 兆瓦·时），为苏格兰 2000 户家庭提供充足电力。整个电站 2024 年将可生产约 1.9 吉瓦的电力，相当于苏格兰地区总用电量的 43%。

在可再生能源中，海洋能发电优势明显，既清洁环保，又具有比太阳能和风能更高的能量密度，这使拥有较长海岸线的国家可以凭借潮汐能与国土面积大的国家进行能源竞争，随着全球新能源大发展，世界各国必将更加重视海洋可再生能源的发展，未来以潮汐能为代表的海洋能源将迎来更美好的前景。

八 芥子藏巨能
——核能

《庄子·天下篇》提到，"一尺之棰，日取其半，万世不竭"，这个论点的意思是物质无限可分。现代科学的发展证明了这个观点一定的合理性，物质可以分割成分子，分子又可分割成原子，原子还可分割成基本粒子，而且这种分割尚未看到尽头。在人们分割原子的时候，小小的原子中隐藏的大秘密被发现了，这个秘密就是核能。

8.1 "点石成金"话原子

亮闪闪的黄金一直受到人类的喜爱,中国民间传说中也有"点石成金"的故事,举世闻名的大科学家牛顿(Isaac Newton,1643.1.4—1727.3.31)也曾经把大量精力投入到炼金术的研究。无论是中国的还是西方的炼金术士,包括大科学家牛顿在内,都没有能够将点石成金的梦想变为现实。直到原子理论提出以后,人们才开始了解点石成金为什么如此困难。

20世纪初,英国物理学家欧内斯特·卢瑟福(Ernest Rutherford,1871.8.30—1937.10.19)在放射化学领域取得了一系列重大突破。1902年卢瑟福首次提出放射性半衰期的概念,证明了具有放射性的物质,其内部会自发发生从一种元素到另一种元素的转变。1905年他根据太阳放射性元素的含量及其半衰期,计算出太阳生命已延续约50亿年,开创了用放射性元素半衰期计算矿石、古物和天体存在年代的方法。1908年卢瑟福以对元素蜕变,以及放射化学的研究成果获得诺贝尔化学奖。随后卢瑟福又接连取得重要研究成果,1911年根据阿尔法粒子轰击金箔的实验提出了原子的星系结构模型(图8.1),1913年确认阿尔法粒子就是氦原子核,1919年以阿尔法粒子轰击氮原子核,得到了氧原子核,并发现了质子,成为第一个改变元素的人。从此,点石成金的梦想在放射化学体系中成为科学。

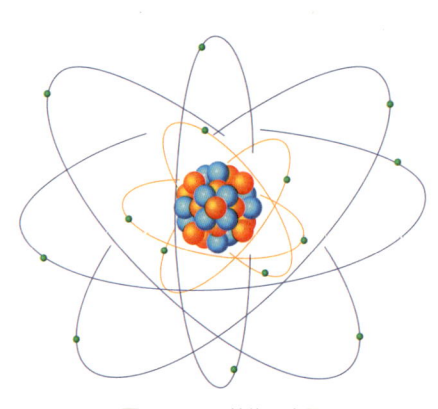

图 8.1 原子结构示意图

研究发现,原子核由带有正电荷的质子(p)和不带电的中子(n)组成,质子与中子统称核子。质子和中子在组成原子核时会形成特定的结构,正是这种结构上的特征,导致仅有少部分由特定数量核子组成的原子核具有足够的稳定性,其余原子核稳定性参差不齐,会以不同的速度分裂成更稳定的原子核,这就是物质放射性的由来。人类已发现由不同数量核子组合而成的原子核多达2700多种，地球上天然存在的稳定原子核仅有280多种。2700多种原子核对应同样数量的单质物质，而元素周期表上的元素仅有100多种，这意味着所有的元素都有同位素，且放射性同位素的数量远远大于稳定同位素的数量。但地球上放射性物质并不多见，这是因为许多放射性物质的半衰期都很短，在地球数十亿年的演化过程中早已消耗殆尽了。

精确计算表明，原子核的质量与相同数量的孤立核子的质量之和并不相同。例如，一个氦核（^{4}He）是由两个质子和两个中子组成的，一个孤立的（自由的）质子的质量是1.00727644u，一个孤立中子的质量是1.00866452u，氦核的质量按理应该是两个质子和两个中子的质量之和，即4.031882u，但是事实上氦核的质量只有4.001503u。也就是说，当两个质子和两个中子组成氦核时，质量损失了0.030379u。这种质量亏损在所有元素当中普遍存在，只是程度有所不同而已。

> **小贴士**
>
> 原子质量单位：也称统一原子质量单位，或道尔顿（Dalton、Da、D）。为了方便描述分子和原子的质量，国际纯粹和应用物理联合会（IUPAP）、国际纯粹与应用化学联合会（IUPAC）两大组织均约定将 ^{12}C 元素原子质量的 1/12 定义为原子质量单位，用 amu 或 u 表示，$1u = 1/N_A$ 克 $= 1/(1000 N_A)$ 千克（N_A 为阿伏伽德罗常数，值为 6.022×10^{23}）$= 1.66053886 \times 10^{-27}$ 千克。1 个 ^{12}C 元素的原子质量可记为 12u。amu 是较老文献的用法，当前的习惯是在书写原子量的时候省略单位，而将原子质量单位作为默认的单位。在生物化学和分子生物学文献中（特别是描述蛋白质的时候），一般将分子量单位记为道尔顿（Da），由于蛋白质分子很大，通常有上千道尔顿的分子量，这时候使用千道尔顿（kDa）作为单位。在描述比原子更小的基本粒子的质量时，也经常借用原子质量单位，此时通常不省略单位 u。

根据相对论原理，核子在组成原子核所损失的质量转化成了能量，这种能量称为"结合能"，通常也称为核能（图8.2）。它比同等质量化学反应放出的化学能大数千万倍。理论计算结果显示，一个原子核的总结合能并不与组成原子核的核子数量成正比，即一个原子核的总结合能与核子数量的比值不是常量，而是随着核子总数变化而变化。这个比值通常称为平均结合能或比结合能，其变化的大致规律是在核子总数较少时，随核子数的增加平均结合能呈较快增加趋势，在核子总数较大时，随核子总数的增加呈平缓下降趋势，显然，平均结合能将在核子数中等大小的区间出现极值，极值对应的元素是铁。

这意味着无论是以几个小原子核拼合在一起形成大的原子核（核聚变），还是击碎一个大的原子核得到较小的原子核（核裂变），两种变化都将以铁元素为最终终点。

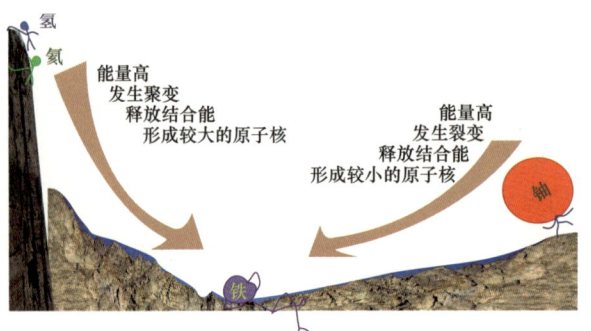

图 8.2　不同元素结合能示意图

核科学可以完美解释，为什么人们难以实现点石成金的梦想。事实上，点石成金是一件在错误的地点、错误的时间所做的错误的事情。地点是最重要的因素，宇宙的原始黄金根本不可能在地球上产生，不仅地球上无法产生，就算是太阳核心区域也不具备形成黄金的条件，这是铁元素作为核聚变与核裂变共同终点的科学规律所决定的。无论是太阳还是地球，如果蕴含黄金，这些黄金只能来自上一轮天体演化的残骸，只有在中子星爆炸等极端的条件下，比铁更重的元素才有可能形成。其次是时间的问题，根据放射性物质衰变的规律，如果地球上曾经有过什么类似石头的物质可以变成黄金，以人类可以感知的物质变化速度，比如从一瞬间到几十年的时间范围内完成变化，那么，在地球数十亿年历史中，这样的石头肯定早已消耗殆尽了，又怎么可能被人们找到呢。

从点石成金本身的意义来说，虽然科学上已证明了这种方法的可能性，却并没有将它付诸现实的必要性。从平均结合能来看，金元素并不是处于最有利的能量位置,那么人工合成起来能量消耗必然巨大且效率不高,即使能够得到一些产品,其成本也将远远超过其本身的价值。

科学的发展使点石成金的设想有了实现的可能性,虽然人们并没有用这种方法生产黄金,却利用这种原理得到了许多自然界难以存在的物质,如锝、钷、锎、锫等人造元素,它们在一些高科技领域大显身手。从这个角度来看,人类点石成金的梦想已经实现。

8.2 "毁天灭地"原子弹

原子弹的破坏力惊人,用毁天灭地来形容它的威力毫不夸张。其威力体现在三个方面,光热辐射、冲击波和感生放射性可以给目标区域一切物体造成大规模杀伤和破坏。同时,放射性烟尘四处飘散,形成大面积放射性污染,对生态环境造成长期持续性伤害。铀裂变爆炸的原理可与炸药爆炸类比,铀原子核裂变为较小原子核的同时会释放出中子和能量,而释放出的中子会引起其他原子核继续裂变,如此可形成急剧增长的链式反应,造成极短时间内大量能量的释放,引发剧烈爆炸(图8.3、图8.4)。一定重量的铀全部裂变释放的能量,比相同重量的TNT炸药爆炸释放的能量大2000万倍。

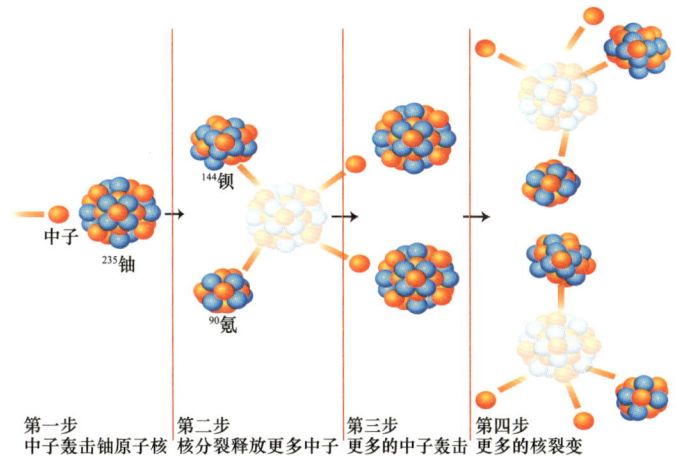

图 8.3　铀裂变的链式反应示意图

图 8.4　原子弹爆炸情景

原子弹的开发历程充满了惊险和奇迹，人们常常以为第一个启动原子弹开发计划的国家是德国或美国，其实英国才是首先开始核武器研究的国家。20世纪初以卢瑟福为代表的一大批英国科学家成为核科学的主力，最初的重大核科学发现大都与英国有关。第二次世界大战期间残酷的战争，使英国的原子弹计划进展缓慢，1942年，英国派出科学家小组参加美国的原子弹研究工程，由于原子弹研究的高度保密性，英国直到1952年才成功试爆，成为世界上第三个拥有原子弹的国家。

第二个启动原子弹研究计划的国家是以战争狂人希特勒为首脑的纳粹德国。1939年德国发起了第二次世界大战，也是在这一年奥地利裔核物理学家莉泽·迈特纳（Lise Meitner，1878.11.7—1968.10.27）和德国物理学家奥托·哈恩（Otto Hahn，1879.3.8—1968.7.28）发现了核裂变原理。迈特纳此时为躲避纳粹德国的迫害而移居瑞典，因此错过了核裂变研究成果的诺贝尔化学奖。希特勒安排著名物理学家维尔纳·卡尔·海森堡（Werner Karl Heisenberg，1901.12.5—1976.2.1）负责原子弹研究的"铀计划"，研究团队包括哈恩、斯特拉斯曼、盖革等著名科学家。德国在原子弹研究方面的进展令盟军阵营受到重大威胁，英国派出特工执行"燕子行动"和"炮手行动"，经过多次努力最终彻底破坏了德国的重水供应渠道，同时，海森堡有意无意地在链式反应临界质量计算上发生了重大失误，使希特勒觉得原子弹的开发遥遥无期而减少了资金投入，多种因素使德国直到第二次世界大战结束也未能成功造出原子弹。战败后的德国受到监管，彻底放弃了开发原子弹的想法。1965 年，英国以"燕子行动"为原型拍摄了经典电影《雪地英雄》，展现了当年英国特工阻止纳粹进行原子弹研究的惊心动魄的故事。

美国是第三个启动原子弹研究的国家。第二次世界大战前夕，德国开始疯狂迫害犹太人，使许多犹太裔科学家逃亡到美国。1939 年 1 月，远在美国的物理学家恩利克·费米（Enrico Fermi，1901.9.29—1954.11.28）看到迈特纳核裂变原理的报道后，指导核裂变实验验证了这一原理，并马上意识到铀核裂变在军事上的潜力。但他提出的研究原子弹的建议没有引起美国军方足够的重视，无奈之下只好与利奥·西拉德（Leo Szilard，1898.2.11—1964.5.30）等物理学家力邀阿尔伯特·爱因斯坦（Albert Einstein，1879.3.14—1955.4.18）联名致信给美国总统富兰克林·德拉诺·罗斯福（Franklin Delano Roosevelt，1882.1.30—1945.4.12），建议美国抢在纳粹德国之前研制出原子弹。在科学顾问极力劝说下，罗斯福总统接受了科学家的建议，成立了铀问题咨询委员会负责研究铀作为武器的潜在作用，并提供了 6000 美元的研究经费。1941 年 12 月 7 日，日本偷袭珍珠港促使美国放弃中立的绥靖政策，加入第二次世界大战盟军阵营，研究原子弹的需求更加迫切。1941 年底，罗斯福总统批准了代号为"曼哈顿工程"的原子弹制造技术研究绝密计划，并赋予其"高于一切行动的特别优先权"。整个计划投入极高，总耗资达 25 亿美元，动用近 60 万人力，有 1000 多位科学家和 10 多万技术人员参与，著名科学家尤利乌斯·罗伯特·奥本海默（Julius Robert Oppenheimer，1904.4.22—1967.2.18）担任技术总负责人，数位知名核物理学家分别负责原子弹关键技术环节的研究，仅用三年时间就成功制造了数枚原子弹。1945 年 7 月 15 日首次原子弹试爆在新墨西哥州的沙漠地区成功完成，8 月 6 日和 9 日，美国分别在日本的广岛和长崎投下了原子弹，使美国成为世界首个拥有并在战争中使用原子弹的国家。

第四个启动原子弹研究计划的国家是苏联。1942 年下半年，苏联决定恢复因战争中断的核武器研究计划，1945 年形成了大量生产金属铀的能力。1945 年美国向日本投放两颗原子弹之后，苏联意识到原子弹在国际政治中的重要意义，立刻对核能利用研究重视起来，建立了完整的核计划决策、组织、领导和监督体系，正式启动了国家层面的核能研究进程。1946 年底，苏联首次实现自持可控铀核链式裂变反应，突破了原子弹原料钚的生产技术。1949 年 8 月成功试爆了原子弹，成为第二个拥有原子弹的国家。

法国在英美的帮助下于 1960 年拥有了自己的原子弹。中国的核武之路最为坎坷，历尽艰辛终于在 1964 年成功试爆了原子弹，成为第五个拥有原子弹的国家（图 8.5）。

图 8.5　中国原子弹试爆成功

以原子弹为代表的核武器，会造成大范围无差别杀伤，是非常不人道的武器，许多核物理学家终生反对核武器的发明与使用。但是，原子弹的威慑也减少了大国之间发生直接冲突的可能性，第二次世界大战以后大国之间虽然矛盾重重，却一直没有发起灭国级别的战争，原子弹起到了不可替代的作用。和平不能依赖赠予，核武器必将长期存在；文明的未来需要和平，核能和平利用将是世界的主流。

8.3 坎坷核能路

在原子弹技术开发过程中，核反应堆技术成为重要的孪生技术，以此为基础形成的核能发电技术使核能成为重要的一次能源。核能发电的原料是金属形态的 ^{235}U，当 ^{235}U 吸收了中子发生核裂变反应时，会释放出大量可转化为热量的能量。核能最具吸引力的特点之一就是具有极高的能量强度，仅仅 1 克 ^{235}U 经裂变所释放出的热能就相当于 2500 千克煤炭当量。^{235}U 原子核受到中子轰击后可以自发发生裂解反应，生成裂解产物和两个以上的中子。如果新产生的中子继续引发其他 ^{235}U 原子核的裂解反应，就可以形成链式传递持续保持 ^{235}U 原子核的接连裂变，这就是获取核能或制造原子弹的基本原理。

然而，如此简单的原理在现实当中却很难实现，这是因为原子核裂变所产生的中子携带较高能量，速度高达 14000 千米/秒（即所谓的"快中子"），可以穿过 ^{235}U 原子核而不被吸收。没有被吸收的快中子当然无法引起 ^{235}U 原子核的连续裂变，这样，每个原子核的裂变都成为孤立事件，不能够连续进行，无论是提取核能还是核爆炸都无从谈起。

据此，科学家想出四种办法来保证铀原子核裂变能够以链式传递的方式连续发生。第一种办法是加大铀块质量，只要铀块足够大，快中子早晚会遇到一个 ^{235}U 原子核并引起裂变，能够实现铀原子连续裂变的最小铀块质量被称为临界质量。纳粹德国铀计划负责人海森堡就是在这个问题上出现了失误，他计算出铀连续裂变的临界质量高达数吨，这个数量在当时简直是天文数字，不仅德国无法生产出这么多铀，全世界的力量加在一起也无法在短时间内完成这么多铀的生产，这个失误使德国不得不另想办法来解决快中子效率问题。临界质量的理论计算只是第一步，还需要通过实验进行验证，这是非常危险的实验，科学家称之为"搔弄龙的尾巴"。在美国的曼哈顿工程计划中，这项工作由加拿大物理学家路易斯·亚历山大·斯洛廷（Louis Alexander Slotin，1910.12.1—1946.5.30）负责并很快取得了正确的实验数据，使美国的原子弹得以成功制造。

第二种办法是用减速剂将快中子速度降下来变成慢中子，实验证明，速度为2.2千米/秒的中子（即"慢中子"或"热中子"）对引发 ^{235}U 原子核裂变最为有效。减速剂可以有许多种，水、重水以及石墨都是可用的中子减速剂。一种以重水为减速剂的核反应堆可以得到原子弹的另一种原料 ^{239} 钚（ ^{239}Pu ），纳粹德国也曾尝试这条制造原子弹的技术路线，但其重水供应屡屡被英国特工破坏，最终完全断绝，于是纳粹德国的原子弹之梦彻底破灭。

第三种办法是提高铀块中 ^{235}U 的含量。天然铀资源通常含有约99.3%的 ^{238}U、0.7%的 ^{235}U 和不到0.1%的 ^{234}U。如果要在核反应堆中维持持续裂变，必须将 ^{235}U 的含量提升到3%以上，而制造原子弹则需要将 ^{235}U 浓度提升到90%以上。由于 ^{235}U 与 ^{238}U 性质非常相似，从含有大量 ^{238}U 的天然铀中提取高浓度 ^{235}U 是非常困难的事情，这也成为制造原子弹的难点之一。

第四种办法是将穿过 ^{235}U 的没起到作用的中子反射回来，铍的氧化物可以发挥这一功能，而且铍还是优良的中子减速剂，可以让反射回来的中子速度下降，更易被 ^{235}U 吸收。无论是在原子弹还是核电站当中，铍都可以起到关键作用。在研究铍的反射及减速作用的过程中，曾为美国原子弹计划探索临界质量数据的斯洛廷，在一次实验事故中用手分开失控的铍反射罩，避免了一次意外核爆炸，斯洛廷本人受到强烈辐射，九天后不幸离世。一同实验的七人虽然幸免，但其中三人数年后疑似死于辐射相关疾病。斯洛廷在危急时刻的果断行动拯救了整个实验室及所在小镇的无数生命，后来人们将斯洛廷誉为用手掰开原子弹的人。

事实上，如果不是期待过高，普通的水就足以充当合适的中子减速剂。当今运行的绝大多数核电站都使用所谓的"轻水反应堆"，用它来生产蒸汽驱动常规的蒸汽涡轮机。所谓的轻水就是我们日常生活中随处可见的水，称之为轻水主要是为了与"重水"区分开来。实践中，水不仅作为中子减速剂，也同时充当反应堆冷却剂，并在冷却核燃料的同时自身汽化为高温高压的蒸汽，推动涡轮机运转，实现了核能发电的目的。

研究核能与利用核能，始终是一件非常危险的事情，即使是已经商业化的核电站也可能会因为种种原因出现事故。1979年美国宾夕法尼亚州三里岛核电站发生了重大事故。1986年苏联切尔诺贝利核电站发生有史以来最严重事故（图8.6）。1978年、2005年、2006年、2008年、2011年日本福岛核电站都曾发生过事故。苏联切尔诺贝利核电站与日本福岛核电站事故所造成的灾难在数十年内都难以弥补。

图8.6　废弃的切尔诺贝利核电站

核电站虽然没有碳排放，但核燃料用过之后会产生难以处理的放射性废料，人们设想用深埋地下、送入太空、沉入深海、冰封保存等各种方式来处理核废料，其中最现实的方法是深埋地下，但由于技术复杂一直没有成功先例，安全处置核废料仍是世界难题。

可见，从核能技术开发到核能利用的整个过程充满了困难和阻碍，寻找更安全更清洁的核能开发技术，仍是人类社会的待解难题。为此人们在核能科学和技术领域进行了更多的探索，更安全的核电站设计取代了旧式方案，核聚变技术不断取得进展，相信随着科学技术的进步，人们一定可以找到安全清洁的核能利用方法。

8.4 日新月异的核电

进入 21 世纪，温室气体排放成为全球关注的问题，这使得许多国家开始重新评价核能，在一些国家核能以零碳排放的特点，挤入清洁能源行列。核电技术发展非常快，迄今为止核电站设计已完成了三代更新，正在向第四代技术发展（图 8.7）。

图 8.7 现代化核电站

第一代核电站基本上是验证工厂，目的在于证明核动力是可行的发电技术，包括英国的 Magon 气冷式反应堆、美国华盛顿和法国 Framatome 的 PWR 反应堆，以及美国早期的 BWR 反应堆。

第二代核电站已是成熟的商业化电厂，成为核工业的支柱产业。核电站的设计方案有很多种，其中最普及的是轻水反应堆。轻水堆又可以分为不同的类型，一种是直冷式反应堆（Boiling Water Reactor，BWR，意为沸腾的反应堆）。在这种反应堆中，水作为制冷剂和缓解剂，用生成的蒸汽驱动涡轮发电机。虽然 BWR 核反应堆的原理非常简单，但是反应堆内核心部位的水的液态与气态的变化控制难度很高。另一种是间接式加压水反应堆（Pressured Water Reactor，PWR）。PWR 反应堆中设计了单独的蒸汽循环，通过合理设计避免了处于反应堆核心部位起到制冷剂和缓解剂作用的水的沸腾和汽化，这样就可以大大简化控制系统，在全球所有已建成的核电站反应堆中，一半以上采用了 PWR 设计。

由于水能够吸收裂变反应所释放的大量中子，对原子核裂解的链式反应有一定抑制作用。为了保证轻水反应堆中链式反应能够持续进行，需要将铀燃料浓缩使其中 ^{235}U 浓度增加到 3%～5%。这种富集浓缩可用气体散射技术，也可以用气体离心技术进行，世界上只有少数几个国家拥有这种铀浓缩设施。由于浓缩铀可用于制造原子弹，这些设施受到了国际社会的严密监视。

以重水为中子减速剂的核反应堆通常被称为重水反应堆。由于重水不吸收中子，以重水作为中子减速剂的核反应堆对铀原料中的 ^{235}U 含量要求大大降低，天然铀就可以达到持续裂变的要求。这种反应堆的复杂性体现在重水的生产，它需要用组合的化学与物理方法将天然水中极少量的重水进行浓缩。重水核电站在加拿大得到了很好的发展，使用的是 CANDU（Canadian Deuterium Uranium）设计方案。重水反应堆在核燃料容器设计方面独具特色，以小型的管簇取代了厚重的大型耐压容器，既方便制造又方便更换铀燃料。

为了充分利用核燃料，人们发明了增殖反应堆。增殖反应堆中没有缓解剂，使用浓缩铀燃料，可将普通反应堆中被"浪费"的 ^{238}U 转化为钚的同位素 ^{239}Pu。^{239}Pu 也可以用作核电站的燃料，这样，自然界中大约一半的铀资源，最终能以这种方式作为核能燃料利用，而远高于最初仅为0.3%的利用率。

在第二代核电站的基础上，发展出了第三代核电站设计方案。三里岛和切尔诺贝利核电站的严重事故后，为了挽回核电形象，美国和欧洲先后出台《先进轻水堆用户要求》和《欧洲用户对轻水堆核电站的要求》，规定了防范与缓解严重事故、提高安全可靠性和避免误操作设计等方面的要求，通常把满足这两份文件之一的核电机组称为第三代核电机组。第三代核电站汇聚了以往各类设计的优点，融入了许多新的设计亮点，在降低核电站成本、增加其安全性和可靠性等方面取得了进步。

美国西屋电气公司提出了600兆瓦电力和1000兆瓦电力核电站的PWR设计方案，分别为AP600和AP1000。通用电力公司也提出了第三代核电站设计方案，即经济简单的沸水反应堆（Economic Simplified Boiling Water Reactor，ESBWR）。其设计理念更为简化，并采用被动式安全设计思想，如果发生重大意外事件并不需要紧急输送冷却水来控制核心部位的温度，所以就不必考虑核心部位被熔化的危险。在先进的PWR与BWR反应堆理念中，数字化与模块化的设计大大提高了设备的安全性并降低了投资费用，而且可将核电站建设周期减少3～4年。欧洲的第三代核电技术典型案例是欧洲压力反应堆（European Pressure Reactor，EPR），这是由Framatome与Siemens公司联合建造的一座1600兆瓦电力规模的核电站。加拿大第三代核反应堆的案例是由CANDU设计的压力式重水反应堆，包括700兆瓦电力的ACR700（Advanced CANDU Reactor，ACR）和1000兆瓦电力的ACR1000。

随着技术的进步，人们又提出了第四代核电技术的设想。美国、英国等10个有意发展核能利用的国家，联合组成"第四代国际核能论坛"（GIF），并于2001年7月签署了合约，共同合作研究开发第四代核能系统（Gen Ⅳ）。2002年9月在东京召开的GIF会议上，与会的10个国家在近百个概念堆的基础上，一致同意以高温气冷堆、超临界水冷堆、熔盐堆、气冷快堆、钠冷快堆、铅冷快堆等六种核能系统为第四代核电站堆型。2021年

12月,中国石岛湾高温气冷堆核电站示范工程1号反应堆,完成发电机运行试验并网成功,这是全球首座达到工程应用水平的第四代先进核能系统特征核电站,标志着中国在第四代核电技术领域已走在世界前列。

8.5 来自太阳的启示

自20世纪初开始,原子核的秘密逐渐展现在人们面前,人们开始研究通过核裂变提取原子核中蕴含的能量。几乎同一时期,太阳恒久释放巨大能量的秘密,也逐渐成为科学常识。科学家发现,太阳向外散发的能量,来自其内部的核聚变反应所释放的"结合能"(图8.8)。因此科学家设想,如果能利用核聚变释放的"结合能",就可以获得像太阳能一样持续不断的能量供应,这就是令人类梦寐以求的"人造小太阳"。

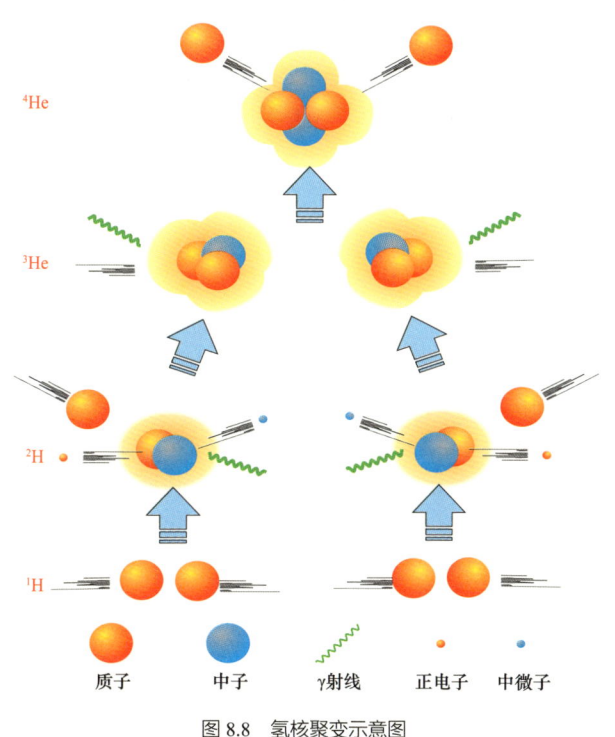

图 8.8 氢核聚变示意图

那么如何实现核聚变反应呢？在回答这个问题之前我们先思考另一个相关问题：

根据库仑定律，同性相斥，异性相吸。既然每个质子都带正电荷，如氦元素，当原子核中有两个或以上带正电的质子时，原子核是如何稳定存在的呢？

> **小贴士**
>
> 库仑定律：Coulomb's Law，是静止点电荷相互作用力的规律。1785年法国科学家库仑由实验得出。真空中两个静止的点电荷之间的相互作用力同它们的电荷量的乘积成正比，与它们的距离的二次方成反比，作用力的方向在它们的连线上，同名电荷相斥，异名电荷相吸。

如果只考虑静电作用力，原子序数2以上的原子核势必分崩离析。科学研究发现，原子核内部有一种比库仑力强数百倍的吸引力，人们称之为核力，也叫强相互作用力。正是这种核力的作用，将原子核内的核子紧紧束缚在一起。与库仑力相比，核力虽然很强，却有一个缺点——影响范围小。有多小呢？大约是1飞米（1飞米=1×10^{-15}米），这个范围大致就是原子核的直径。换句话说，核力只能作用于原子核内部，不会再远了。核力的存在使原子核可以容纳更多的质子和中子，理论上必然可以将一些核子或原子核捏合在一起，形成较大的原子核并能够从中提取核能。

如果能将参加反应的核子间距缩小到核力影响范围（即1飞米）之内，也就是用某种方法把两个核子或原子核"推"到一起，就有可能使它们在核力作用下结合成新的原子核，并释放出巨大能量。

设想很美好，可实现的困难很大。由于核力影响范围小，在原子核相互靠近过程中，并不能起作用，而带同性正电荷的原子核在相互靠近过程中，受到库仑力的排斥作用，且在核力起作用前，距离越小，互斥作用越强，这种阻碍核子互相靠近的屏障被称为库仑势垒。两个原子核要能靠近并结合成一个新核，原子核就必须有能越过库仑势垒高度的能量，这个能量不小于10000电子伏特。

回到库仑势垒的大山前。如果要使参加反应的原子核超越库仑势垒，需要几千万摄氏度的高温，人们用普通的方法根本无法满足这样苛刻的条件，因此人工核聚变在相当长时间内只能存在于个别核子的高速撞击过程当中。直至原子弹试爆成功后，人们才掌握了获取足够高温度的方法来超越库仑势垒，1951 年美国第一颗氢弹试爆成功，证实了人工核聚变的可行性。

虽然氢弹可以实现核聚变，而且从 1951 年到 1968 年，美国、苏联、英国、中国、法国都成功拥有了氢弹。然而，在氢弹爆炸那种巨量能量释放的过程中，人们无法将这些释放出来的能量收集起来加以安排，只能任由它们造成破坏。人们希望核能可以有控制地释放，在温和条件下能够自如控制的可控核聚变才能使核能真正成为有用的能量来源。

可控核聚变技术开发的难度很大，经过几十年的努力，已经有办法满足可控核聚变的所有条件，但试验装置的持续运行时间还很短，产出的能量还很少。2020 年 12 月 4 日，中国环流器二号 M 装置（核聚变装置）在等离子体离子温度 1.5 亿摄氏度条件下，实现了高自举电流运行，这意味着可控核聚变技术又前进了一大步。相信未来人类一定能掌握受控核聚变技术，建起不落的人造太阳。

> **小贴士**
>
> 氢元素为什么是核聚变反应的首选呢？
> 其一，氢元素聚变得到氦元素是最简单高效的放能聚变反应；
> 其二，自然界中含量丰富，以氘为例，1 升海水中，含氘 0.03 克；
> 其三，也是最重要的，氢元素只带一单位的电荷，是所有元素中，原子核电荷量最低的元素，依据库仑定律，库仑势垒也是最低的……

8.6 "托卡马克"先生

前面已经了解到，只要克服了库仑势垒，核聚变释放能量就可能实现。理论上是这样，但事实真的这么简单？最初人们也以为从氢弹试爆成功，到利用核聚变撷取能源只有一步之遥，但很快就发现这种想法过于乐观。氢弹由瞬间产生的高温高压引爆，但这种引发方式难以控制，而我们需要的是温和、持续且可控的核聚变。

1955 年，英国著名工程学家劳森提出了著名的劳森判据：当燃料的密度、温度和反应时间三者的乘积达到并超过一个特定数值后，核聚变反应才能发生。

如今已经有了许多加热物质使之达到高温的方法，如欧姆加热、压缩加热、中性粒子束注入加热、激光束和高能粒子束加热等，都可用于聚变反应实验中。

> **小贴士**
>
> 引发核聚变的三个前提条件：
> （1）燃料温度达到满足热核反应发生的条件；
> （2）把高温等离子体约束在一定的范围内；
> （3）以上状态持续的时间足够长。

条件一解决了，条件二可就难了，上亿摄瓦度高温的等离子体，一般实体物质很难用作它的"容器"。科学家尝试利用磁约束和惯性约束来实现核聚变研究中的等离子体约束。

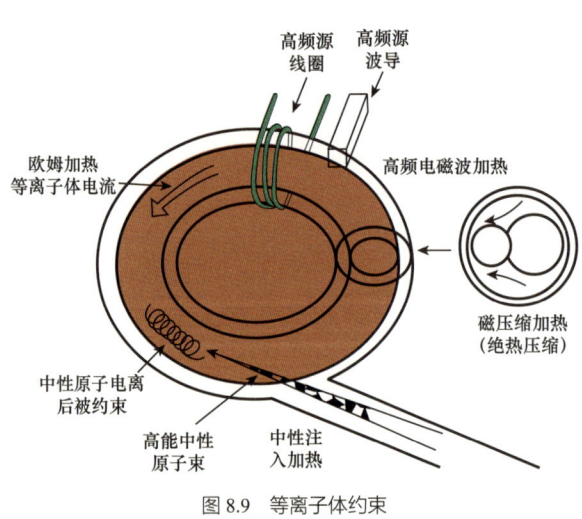

图 8.9 等离子体约束

磁约束方法，就是利用磁场与等离子体之间的相互作用将高温等离子体约束在一定区域，使其进行核聚变（图 8.9）。

说起磁约束，不得不提今天的主角——"托卡马克"先生。托卡马克（Tokamak），听起来像个人名，其实是一套装置，这个单词是由环形（Toroidal）、真空（Kamera）、磁（Magnet）、线圈（Kotushka）四个单词组成的缩写词。这是一种利用磁约束来实现受控核聚变的环形容器。

20 世纪 50 年代，苏联科学家塔姆和萨哈洛夫、美国的斯皮泽分别独立地提出了如下设想：在环向磁场（以后称纵场）上再加一个沿环截面方向的磁场（以后称极向场），由这两个磁场合成为沿大环方向、具有大螺距的螺旋磁场，再利用这个螺旋磁场的旋转变换特性约束等离子体，不就形成一个封闭磁场"容器"了吗？从这一设想出发，1954年，苏联库尔恰托夫原子能研究所建成第一个托卡马克装置，并观察到了个别的聚变反应。

托卡马克装置的主体像一个躺倒的轮胎，由中间的环形真空反应室，和环裹在真空室周围沿主真空室环的径向以及截面方向的环向导线组成。真空室是等离子体反应的空间，导线则在通电后为真空室中的等离子体提供束缚磁场：环向电流提供极向磁场，由环向场线圈系统提供强环向磁场，极向磁场和环向磁场合成螺旋形磁场。这种磁场具备了稳定等离子体的三要素：平行磁场、磁阱和磁剪切。它看不见也摸不着，不怕高温，可以把炽热的等离子体"困"在其中。

简单来说，当一个具初速度的带电粒子在磁场中运动时，它会受到洛仑兹力的作用，其方向既垂直于磁场，也垂直于带电粒子运动的方向。这个力使带电粒子环绕着磁力线旋转。当磁场足够强时，旋转半径很小，粒子就紧紧环绕在磁力线周围，好像吸附在磁力线附近那样。只要磁场足够强，产生的洛仑兹力就可以将等离子体约束在一个截径很小的环形范围内，即形成对等离子体燃料的磁约束。

1970年，苏联在一台托卡马克装置上首次观察到了聚变能量的输出，实验消耗了10亿份能量，最终得到1份聚变能量。在之后长达半个世纪的研究中，俄罗斯在核聚变反应堆装备制造方面，积累了大量科研成果和实践经验，也在高温等离子物理、寻找新材料、研究测定方法和真空工艺、建造等离子遥控与加热系统等尖端技术领域，造就了一大批高水平专家和技术人员，使俄罗斯在可控核聚变领域居于世界先进水平。

托卡马克装置的设计十分经典，此后人类建设的很多大型核聚变装置，如建在法国的国际热核聚变实验堆（多国联合研发）、中国的超导型磁约束托卡马克聚变装置、欧共体的JET等都采用了托卡马克模型，"托卡马克"先生成为人类实现核聚变产能的希望所在。

8.7 "人造太阳"梦想

可控核聚变是发达国家普遍关注的未来能源技术。

在法国有一套正在建设中的核聚变研究装置,叫作"国际热核聚变实验堆"(International Thermonuclear Experiment Reactor,ITER),从它的名字可以看出,它是实验性质的热核聚变反应堆(图 8.10)。国际热核聚变实验堆不单单属于法国,而是多国技术合作的产物,确切地说,它属于包括中国在内的所有为其作出过贡献的国家。

在筹建国际热核聚变实验堆之前,很多国家已经建设了自己的托卡马克实验装置,美国和苏联是其中的佼佼者。由于在托卡马克聚变研究的道路上取得了稳步的实质性进展,美苏首脑在 1985 年的日内瓦峰会上,提出了多国共建国际热核聚变实验堆的倡议。此后,在欧、美、日、俄四方科学家与工程师的合作努力下,于 1998 年完成了国际热核聚变实验堆的工程设计(Engineering Design Activity,EDA),当时的预算为 100 亿美元。在实验堆的工程设计期间,大量研究性试验和原型部件模块的研发等工作取得了进展,一系列成果提升了实验性聚变堆的工程技术可行性。托卡马克实验不断被改进,更好的高约束运行模式逐渐被了解和掌握,用于大中型实验装置中,而原设计依据的较低的约束模式逐步被弃用,国际热核聚变实验堆计划随之改进设计。

图 8.10 核聚变反应装置

1998年，美国以"聚变反应产生的中子使反应仓壁材料产生放射性"为由，宣布退出国际热核聚变实验堆计划。此后，欧、日、俄三方仍然全力推进国际热核聚变实验堆的改进设计，2001年形成了新的方案，称为ITERFEAT（Fusion Energy Advanced Tokamak）。新设计提出了改进的运行模式，在维持国际热核聚变实验堆原有的主要物理与工程目标的前提下，预算经费降至约46亿美元，预计建设期为10年，运行期限为20年。

一切就绪，只待选址建设，而建设地址的选择成了一个十分棘手的政治和技术问题。与此同时，除了欧、日、俄三方外，中国、美国和韩国分别在2003年的1月、2月和7月应邀加入国际热核聚变实验堆计划。参与计划的六方为了选址问题进行了长达两年的艰苦谈判，最后于2005年6月达成了协议，将国际热核聚变实验堆建造在法国卡达拉奇，并同意了国际热核聚变实验堆新设计和部件预研方案。随后，印度也于2005年底加入国际热核聚变实验堆计划。自此国际热核聚变实验堆集齐了代表地球总人口一半的七个国家和组织，七方于2006年6月在布鲁塞尔签署了政府间合作协议。

国际热核聚变实验堆项目整体计划，主要包括为期10年的建造期、为期20年的运行期和5年的拆除期等三个阶段。由于参与计划的某些国家的种种意外，第一阶段的工作不得不一再推迟。2020年7月，国际热核聚变实验堆计划终于进入装置的装配阶段，如果顺利，预计到2025年完成国际热核聚变实验堆装置的安装，实现第一次等离子体放电。

国际热核聚变实验堆计划的主体装置，是一个能产生大规模核聚变反应的超导托卡马克实验装置，其设计的总功率为500兆瓦。整个装置主要由磁场线圈系统、真空室系统、真空室内部件（屏蔽包层模块和偏滤器元件）、低温恒温器、水冷系统、低温站、加热和电流驱动系统、供电系统、加料和抽气系统、氚系统、诊断系统等构成。此装置的特色是由超导线圈提供强磁场，以起到对真空室反应仓中高温等离子体反应物的束缚作用。其中的磁场线圈系统包含18个纵向场磁体、1个中心螺线管磁体、18个校正磁体和6个极向场磁体，仅这些超导磁体的总质量就高达1.013万吨。

国际热核聚变实验堆,是迄今为止最为先进的热核聚变实验堆。通过国际热核聚变实验堆的研究,人们期望认识到氘氚核聚变反应中高温等离子体的特性,进而研究等离子体的约束、加热及能量损失机制,等离子体边界行为以及最佳的控制条件,以便为以后建设聚变示范堆及商用聚变堆提供坚实的理论依据。研究在 500 兆瓦聚变功率长时间持续作用下装置整体和各部件发生的变化以及可能出现的问题,既可以验证受控热核聚变的工程可行性,也可以为将来聚变反应堆的设计和建造提供必要的信息。

8.8 美国"国家点火计划"

自 20 世纪 50 年代起,苏联建造了托卡马克装置,给可控核聚变带来了现实可能性;80 年代,美、苏、日等国展开合作,计划共同建造国际热核聚变实验堆(ITER),不久美国借故中途退出。美国可控核聚变研究方向与欧洲并不相同,可能也是导致其退出国际热核聚变实验堆计划的因素之一。

我们知道,要实现聚变反应的可控制,需要将反应物约束在一个较小的空间里,约束方式有磁场约束、惯性约束以及引力约束。主流的核聚变反应装置——托卡马克是基于磁约束原理设计的。但除了磁约束以外,美国还在惯性约束方面展开了庞大的研究计划,即国家点火装置(National Ignition Facility,NIF)。

这种方法是把几毫克的重氢(即氘和氚)的混合气体装入直径约几毫米的小球内,从外面均匀射入激光束或粒子束,高能激光会使小球表面附近物质等离子体化,并向外炸开。其余靠近小球中心的材料受爆炸力的挤压而向中央坍缩,这被称为内爆。球面内层向内挤压的作用力是一种惯性力,可以约束气体,所以称为"惯性约束"(图 8.11)。就像喷气式飞机气体往后喷而推动飞机向前飞一样,小球内气体受到挤压,其压力迅速升高,温度也随之急剧升高。当温度达到所需的点火温度时,小球内气体便发生爆炸,并产生大量热能。爆炸波会使小球均匀地向中央坍缩,使得球中的核燃料在高温高压下的密度，达到金属铅密度的100倍左右。

理论上来说，核燃料密度足够高就会发生聚变。爆炸过程时间很短，只有数十亿分之一秒。如每秒钟发生三四次这样的爆炸，并且连续不断地进行下去，所释放出的能量就相当于百万千瓦级的发电站。

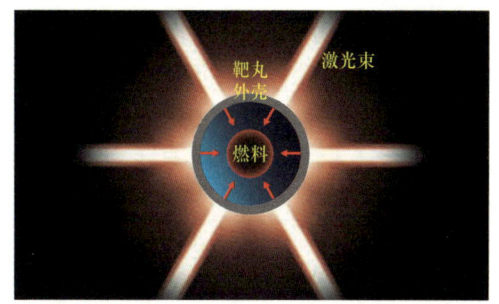

图8.11　惯性约束示意图

核聚变会放出大量产物，其中一些（主要是α粒子）碰撞到外层高浓度燃料材料就会减速。侦测到实验过程中产生的碰撞热能后就可以断定发生聚变反应。在内爆时，只要对燃料球给予适当的高温高压就能发生链式反应。这个引发核聚变的过程就称为"点火"，这是引发核聚变的关键过程，并且会放出大量能量。根据理论计算，必须要在燃料球爆开前的数微秒之内，注入足够能量才能成功引发聚变，而且加之于小球上的能量必须要极度高能且均匀，才能使球体向中央均匀坍缩至高密度。美国人也曾考虑过其他施加能量的方法，比如重粒子加速器，但目前为止还是只有激光才能满足这一要求。

美国的国家点火装置的目标，是用高达500太瓦能量的激光在1皮秒（1皮秒$=1\times 10^{-12}$秒）的瞬间击中球体。为了获得如此高能量的激光束，设计者以四具激光发生器为一组，每一组激光发生器经过16道强化过滤器，共48组发生器产生的192束激光汇总成激光光束。

以这一原理组建的点火装置耗资12亿美元，由位于加利福尼亚州的劳伦斯·利弗莫尔国家实验室参与研制，是全球最大的激光点火装置。整个激光装置长215米，宽120米，每次激光脉冲持续时间大约为1纳秒（1纳秒$=1\times 10^{-9}$秒），最大输出能量为1800千焦，瞬间最大输出功率为5.4拍瓦，是美国所有电厂输出功率总和的500倍。

美国的国家点火装置原定于1997年开始建造，但由于管理以及技术等问题，实际建造时间推迟到了 2000 年以后。2009 年 6 月进行了首次大规模激光靶实验，2010 年 10 月完成了首次整体点火实验，该实验的目标，是利用一粒大小比铅笔顶部的橡皮擦还小的核燃料，来产生 1 亿摄氏度的高温和超过地球大气压数十亿倍的高压，达到类似恒星内部的物理条件，使核聚变可以持续不断地发生。

2014 年 2 月，国家点火装置第一次实现了"燃料增益"，即燃料输出的能量大于燃料吸收的能量。2020 年 12 月初，美国聚变科学家联合向联邦聚变能科学咨询委员会提出了新的研究计划，呼吁美国能源部在 21 世纪 40 年代建成聚变发电装备。

美国的国家点火装置是世界第一台能实现"燃料增益"的核聚变装置，它标志着核聚变能源的探索将步入新时代，研究的下一个目标将会是实现"总增益"，即系统产生的能量必须超过进入系统的能量。虽然美国的国家点火装置，正在逐步取得技术上的突破，但离实现实用供能的目标仍有很长的路要走，惯性约束与磁约束的竞争还没有到分出胜负的时候。

8.9 中国的新追日传奇

远古时代，中国人就有追日的梦想，传说中夸父已成功追到太阳近旁，却因为太阳过于灼热而脱水致死。核聚变正是像太阳一样炽热而狂暴，人们为了驯服它付出了许多努力，许多国家已在人造太阳研究方面取得了较大进展。中国在这方面并不落后，也同样靠近了人造太阳的近旁。

中国的受控核聚变研究始于 20 世纪 50 年代，当时中国的氢弹还没有试爆成功。中国受控核聚变研究最初主要是针对仿星器装置和托卡马克装置进行探索研究。

从 20 世纪 70 年代开始，中国的受控核聚变研究的重点转向托卡马克装置，同时也继续了惯性约束核聚变相关的研究。2002 年，中国引进了德国的

ASDEX 装置并在国内重新恢复运行，更名为 HL-2A 装置。HL-2A 装置是在国内运行的第一个具有偏滤器位形的托卡马克装置。2009 年，HL-2A 装置实现了高约束模式下的等离子体稳态运行。

20 世纪 90 年代初，在引进的俄罗斯超导托卡马克装置 T-7 的基础上，通过对装置真空室、磁体系统等关键部件的全面改造，中国科学院等离子体物理研究所，建成了中国第一个超导托卡马克装置 HT-7。基于 HT-7 装置的建造和运行经验，中国科学院等离子体物理研究所申请的国家重大科学工程项目"HT-7U 超导托卡马克核聚变实验装置"于 1998 年正式立项。2003 年 10 月，HT-7U 装置更名为先进实验超导托卡马克（Experimental and Advanced Superconducting Tokamak，EAST）。经过科研人员、工程技术人员以及相关厂家五年多的努力，超导型磁约束托卡马克聚变装置于 2006 年投入运行，至此，世界上第一个非圆截面全超导托卡马克装置正式进入等离子体实验运行阶段。

超导型磁约束托卡马克聚变装置的科学目标，是探索实现面向聚变反应堆的稳态高约束等离子体的先进运行模式，以及研究其相关的物理和工程技术问题，为未来国际热核聚变实验堆和中国聚变工程实验堆聚变装置，提供重要的科学依据和技术支持。该装置主机高 11 米，直径为 8 米，质量为 414 吨，由纵场线圈、超高真空室、极向场线圈、外真空杜瓦、内外冷屏和支撑系统六部分组成。超导型磁约束托卡马克聚变装置大半径 1.85 米，小半径 0.45 米，工作气体为氘气。

超导型磁约束托卡马克聚变装置，以近堆芯高参数条件下等离子体稳态先进运行模式为研究目标，具有非圆截面、全超导及主动冷却内部结构三大特性。该装置自 2006 年 9 月投入运行以来取得了一系列重大成果。2010 年首次实现高约束模式等离子体放电，并获得了 1 兆安培的等离子体电流。在 2017 年的春季实验中，超导型磁约束托卡马克聚变装置，实现了稳定可重复的超过 102 秒的长脉冲高约束等离子体放电，创造了长脉冲高约束放电时间的世界纪录，标志着中国已经在稳态高约束等离子体研究方面处于国际前列。

从某种角度看，超导型磁约束托卡马克聚变装置有先期预演的性质。中国参与了国际热核聚变实验堆的建设和研究，在该计划中，按协定，中国承担计划经费的 9%（另外的经费承担情况为，欧盟承担 46%，美国、俄罗斯、日本、韩国、印度各自承担计划经费的 9%），享受计划成果的 100%。但国际热核聚变实验堆只能进行有限的核聚变工程技术实验。为此，除了合作建设国际热核聚变实验堆之外，许多国家都在积极发展自己的聚变堆计划，用于下一步研究。如美国的 FNSF-ST/AT、俄罗斯的 T-15MD 和 IG-NIOR、欧盟的 EU-DEMO、日本的 DEMO、韩国的 KO-DEMO 等，但其各自的科学目标略有不同。

同样，中国也在进行中国聚变工程实验堆（CFETR）的设计工作。中国聚变工程实验堆计划的科学目标为：(1) 实现自持聚变燃烧；(2) 实现氚自持；(3) 进行聚变科学、材料、部件等方面研究并建立核数据库；(4) 建立聚变堆核安全及标准体系等。根据装置的科学目标，CFETR 要求有比国际热核聚变实验堆（ITER）更稳定的运行指标和更大的聚变功率输出，其设计的大半径为 7.2 米，小半径为 2.2 米，磁场为 6.5 特斯拉，等离子体电流为 14 兆安培，聚变功率为 2000 兆瓦（最大值），功率效益为 30。

进入 21 世纪，中国在可控核聚变方向的研究取得了举世瞩目的成果，相信在不远的将来，中国一定可以实现可控核聚变能源实用化，真正把人造太阳掌握在自己手里，实现新时代的"新追日神话"。

8.10 超强续航的核动力

核电站的高效与危险曾令人非常纠结，但聪明的人们很快发现，不得不纠结的事情还包括把核能作为动力。核能能量密度非常高，如果以核能为动力，意味着可以实现更强大的推动力或者超强的续航能力。这种极为强烈的诱惑使人们迫不及待地将核反应堆安装到了舰艇上面。

1955 年，史上第一艘核动力潜艇鹦鹉螺号开始首次航行（图 8.12），并发出一条载入史册的电讯"核力驱动行进"（Underway on Nuclear Power）。

它的命名是为了纪念儒勒·凡尔纳小说《海底两万里》中的鹦鹉螺号潜艇和第二次世界大战时期，美国一艘具有传奇命运的同名潜艇。鹦鹉螺号核潜艇长 97.5 米，宽 8.4 米，总重 2800 吨。由于采用了核能动力，它可在 50 天内连续在水下航行 30000 千米而不必中途添加任何燃料。

图 8.12　鹦鹉螺号核潜艇

鹦鹉螺号核潜艇的成功建造，激起了美国海军对核动力的更大兴趣，并立刻开始了水上核动力战舰的研制。1964 年下半年，美国海军以长滩号巡洋舰、企业号核动力航母、班布里奇号驱逐舰组成了全核舰艇编队，并进行了一次航程为 31000 海里的环球航行，历时 64 天的旅途中没有进行任何燃料补给，这次航行震动了整个世界。

但是核动力系统高昂的成本让一般国家望而却步。企业号航母造价在当时是 4.5 亿美元，而大小相同的常规航母造价只要 2.6 亿美元。美国海军原计划建造 6 艘企业级航空母舰，面对如此巨大的成本差距，也只有无奈地放弃其余订单，这使企业号成为该型航母唯一成品。早期核动力系统的体积也是阻碍核动力普及的一大痛点，核动力系统本质上仍是蒸汽动力装置，只是用核反应堆代替了燃油锅炉充当蒸汽源。核动力系统的蒸汽源除了蒸汽供应量充足以外，对传统蒸汽系统没有任何改善，反而增加了系统的复杂性，占用空间进一步扩大，迫使军舰增加更多的维护人员。在鹦鹉螺号核潜艇中整个核动力装置占据了艇身一半左右的空间，企业号核动力航母则夸张地安装了八个核反应堆，这种空间上的劣势使绝大部分中小型舰船只能对核动力望而却步。

核能极高的能量密度始终不停地诱惑着人们，1千克^{235}U裂变后释放的能量与2000吨重油燃烧放出的热量基本相当。这意味着1万吨燃油的备用燃料，只不过相当于核动力航母的5千克^{235}U而已。同时，普通蒸汽动力系统功率有限，如果频繁使用蒸汽弹射系统供飞机起飞，将会使蒸汽系统动力性能快速下降，对整个编队的机动性造成不利影响。所以，降低核动力系统的体积和成本成为核能工程最迫切的需求。

经过一段时间的技术积累，核能动力系统在体积和成本两方面都得到极大改善，已完全可以满足航母和潜艇的升级需求。各大国已累计建造了数百艘核潜艇和十几艘核动力航母，仅美国就拥有现役大型核动力航母11艘。

核动力系统在舰船上的应用已经非常成熟，但其原理仍然是以蒸汽轮机为基础，远未发挥出核能作为动力的潜力。事实上，核能的应用完全可以拓展到更广阔的领域。早在1958年福特公司就设计了核动力概念汽车，当时核动力系统占据了汽车一半体积，2009年凯迪拉克推出的新款钍燃料核动力概念车，其设计者宣称该款车用到的所有东西都可以在不用任何维护的情况下维持100年。由于汽车与人们日常生活联系过于紧密，出于安全考虑，核动力系统向汽车领域移植可能尚需时日，但在宇宙航行及航天飞行方面，核能动力的优势无与伦比。

在宇宙航行过程中，核能至少可以通过三种方式转化为动力。第一种是利用核能的热量，以核反应放出的热量加热所携带的动力介质，使之气化并高速喷射出去而获得巨大的反冲力。这种方式非常简单易行，缺点是要携带大量的动力介质，在一定程度上抵消了核能高能量密度的优点。第二种是利用核弹爆炸的冲击力，也称为核脉冲火箭，飞船携带许多低当量核弹，当需要动力时就丢到后面一颗并引爆，以一种安全的方式吸收核爆的冲击力并转化为前行动力。这种方式有点疯狂，却是经过验证的可行方案，缺点是会造成航路的核污染，不适合在邻近地球的区域应用。第三种是以核反应中产生的高能粒子为推进剂，可以采用一个大型磁场来控制高能粒子的方向，这种方式的效率无疑是非常高的，但核反应的高能粒子，若要满足推进剂需要的数量可能较为困难，还需要在设计方案上进行详细论证。

一直以来，核能作为动力源都需要重点解决小型化问题，只有将核动力系统充分小型化，才能够满足更多领域的应用需求。核动力首先在舰船上得到应用的原因，正是因为舰船可以提供足够大的空间，来容纳庞大的核动力系统（图8.13）。核动力系统的小型化尝试从未停止，一些对功率要求不高的应用，早已有了实际产品，例如核动力心脏起搏器，早在50年前，就被研制成功并被植入患者体内，20世纪末的长期临床随访研究，证明了核动力心脏起搏器的可靠性，既没有因为放射性泄漏而损害患者的健康，也没有因失效而令患者接受二次植入。随着核能技术的进步，配置核能动力系统的灯塔、飞机、导弹、火箭、宇宙飞船、人造卫星等都开始步入人们的视线，核能不再只是制造杀戮的战争武器，而是一种超强续航的高效新能源。

图8.13　原苏联列宁号核动力破冰船

九　引领未来的能源

远古时代，人们日出而作，日落而息，简单的生活透射出人类的渺小和能源匮乏的无奈。进入工业时代，充足的能源供应支持了大工业生产，某种程度上可以说能源一直在主宰着人类的生活。进入新能源时代，能源的生产与供应将发生革命性的改变，可以预见，新的能源将塑造人类全新的生产生活方式，新能源将会把人们引入一个全新的未来。

9.1 一枝独秀的新能源

能源是国家安全的保障,也是社会发展的原动力。能源的充足性与经济性是制约社会发展的重要因素。在环保主义兴起之前,人们评价能源经济性的时候,几乎不会考虑污染带来的隐形成本,这直接导致了能源从开采到使用全产业链的严重污染。同时,地球数十亿年积累的化石能源是不可再生的,总会有耗尽的一天,当化石能源耗尽之时,人类社会所需要的能源如何获取成为人们不得不回答的现实问题。

经历了200年工业化发展之后,人们才恍然发现,化石能源在经济性和充足性两方面,都无法满足人类社会可持续发展的需求,能源革命已势在必行。世界能源正迈入石油、天然气、煤炭、新能源"四分天下"的发展时代(图9.1)。根据《BP世界能源统计年鉴》2020年的数据,在全球能源消费中,石油占全球能源消费的31.2%,煤炭占比27.2%,天然气占比24.7%,可再生能源占比5.7%,核能占比4.3%,水电占比6.9%。从总体上来看,传统化石能源仍占据统治地位,新能源占比很小,但是这也表示新能源未来可期,开发潜力很大。而且,为应对气候变化和全球变暖,减少温室气体排放,世界各国相继确立了碳中和目标,进行绿色低碳可持续发展。据此,从中长期发展角度来看,世界能源发展将呈现石油趋稳、天然气增长、煤炭减速、新能源猛涨的趋势,其在中国的体现尤为突出。

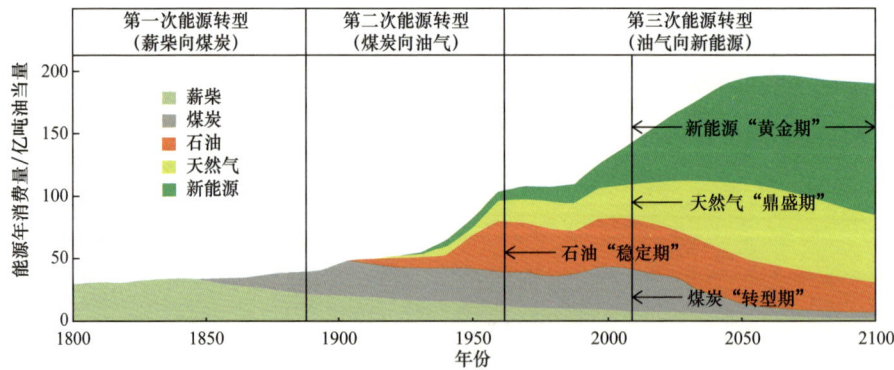

图9.1 世界能源消费结构发展趋势

世界能源生产和消费的空间、地域不均衡决定了世界不同国家和地区采取不同的能源安全战略。欧洲和亚太地区能源消费结构整体上属于典型的进口依赖型，其特点是高油气消费量、低油气产量。2019 年欧洲从中东—独联体和美洲生产带进口油气量为 8.01 亿吨油当量，油气对外依存度达 69.8%。亚太地区人口占世界人口总数的 59%，经济快速发展，能源需求上升速度快。亚太地区油气进口总量为 14.54 亿吨油当量，区域能源对外依存度达 61.7%，以日本和中国尤为明显，其中，日本油气完全依赖进口，2019 年油气进口量达 2.60 亿吨油当量；中国油气进口量达 5.63 亿吨油当量，对外依存度为 62.8%。

欧洲地区由于化石能源资源相对匮乏，能源转型意愿最强烈，因此采取了大力发展新能源的能源安全策略。2000—2019 年，欧洲可再生能源规模从 0.16 亿吨油当量增至 1.95 亿吨油当量，增长了 11.2 倍。2019 年欧洲新能源的消费占比达 26%，成为世界上新能源占比最高的地区。欧洲地区还积极推进和部署氢能战略，2020 年 7 月，欧盟发布《欧洲氢能计划》，计划未来 10 年向氢能产业投入 5750 亿欧元，其中，1450 亿欧元以税收优惠及财政补贴形式惠及相关企业，4300 亿欧元用于直接投资。同时，计划投入 240 亿～420 亿欧元建设绿氢电解设施，2200 亿～3400 亿欧元用于发展 80～120 吉瓦风力和光伏发电。

北美地区石油和天然气资源丰富，能源转型策略相对温和，一方面以促进能源技术进步为主导，另一方面推动清洁能源和新能源对高碳化石能源的替代。以美国为例，美国政府通过推行碳捕集和封存税收减免政策促进能源技术进步，仅 2020 年 4 月，美国能源部就提供了 1.31 亿美元资助 CO_2 的捕集、利用与封存项目。截至 2019 年 12 月，美国拥有 10 个大型 CO_2 捕集与埋存项目，CO_2 年捕集量超过 2500 吨。此外，美国通过页岩气革命推动天然气大规模发展，实现了"能源独立"，并将"减少煤炭、稳定石油、加快天然气、做大新能源"作为美国中长期能源战略。

2020 年 9 月，中国提出"二氧化碳排放力争于 2030 年前达到峰值，努力争取 2060 年前实现碳中和"的目标。2019 年中国可再生能源在一次能源消费中的占比增长到13%，同期风电、光伏发电等非水可再生能源发电量在全社会用电量的占比从5%增长到10%，2020年则达到了11.5%，发展速度已经很快。但考虑碳达峰目标从2030年左右调整到2030年前，以往可再生能源发展的速度还是不能满足碳达峰目标的需求，为此，中国将非化石能源2030年占比目标从原来的20%提升至25%，并首次提出2030年风光总装机容量12亿千瓦以上的目标。中国能源结构正在实现从目前以化石能源为主的"一大三小"，向以新能源为主的"三小一大"战略转型发展。

煤炭、石油、天然气、新能源四分天下的格局已经初步成型，四极之一的新能源是最弱的一极，也将是增长最快的一极。世界能源转型对促进能源体系健康发展、应对气候变化意义重大，世界三大能源消费中心均结合自身的资源禀赋和能源结构特点部署了相应转型策略。需要注意的是，"四分天下"的能源格局仅是世界能源发展的过渡阶段，人类对环境造成的破坏超过地球上任何一种生物，为了保护地球生态环境，人们理应持续降低自身活动对环境的影响。因此，希望未来能源结构，能够更早突破"四分天下"的格局，向以新能源一枝独秀的"三小一大"革命性转型，更早实现碳中和目标，为子孙后代留下一个宜居的家园。

9.2 "分分合合"的能源

《三国演义》开篇："话说天下大势，分久必合，合久必分。"这句名言用来描述能源供应形式的变革，也同样恰当。

在人类用能的早期，受限于人类的较弱个体能力和恶劣的环境，每个人的活动半径都不大，这个时期的用能特点是人在哪里，能源就在哪里，这可以算作最原始的分布式能源，是能源供应的"分"。到了工业化时代，能源生产能力提升了，可以轻易将巨量能源集中于特定的区域，人类个体的活动半径也大大增加，集中式供能以其压倒性优势，占据了几乎所有发达区域的能源市场，表现为能源供应的"合"。随着工业文明的发展，在探索替代能源的过程中，人们发现当前所用清洁能源，存在能量密度不高的弱点，如果还是采用以往集中供能方式进行能源供应，由集输分运造成的成本增加，会达到令人无法接受的程度。于是，人们再次将目光转向原地集能就地使用的分散式供能方式，这又是能源供应的"分"，也就是分布式能源。

所谓分布式能源，是从能源供应形式上作出概念区分，将供能主体分布在用户端的供能体系称为分布式能源（图9.2），与之相对应，是集中式能源，以拥有巨量能源的中央核心为供能主体，向远近不同的大量用户输送能量。

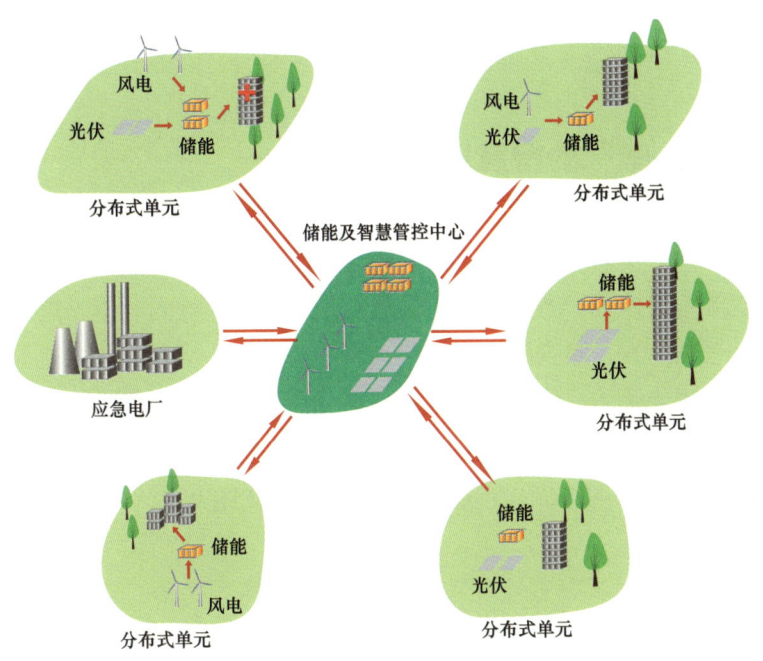

图 9.2 分布式能源

分布式能源减少了能源输送的损耗，具有能源利用效率高的优势，其清洁属性也减少了对环境的污染；同时，在智能化管理的帮助下，分布式能源运用灵活和系统经济性好的特点，提升了能源供应的可靠性和经济性。因此，分布式能源成为未来世界能源供应的发展方向。

随着中国持续推进能源供给侧结构性改革，天然气、光伏、风电、生物质能、地热能等适合分布式供应模式的新能源，已成为中国应对气候变化、保障能源安全的重要内容，中国分布式能源发展迎来"黄金时期"。分布式能源需要许多分散的系统部件协调运作，这些分散部件的高效集成要大量应用信息与通信技术，比如数字化传感器、控制器、智能电表等，因此，分布式能源还将促进新的数字化能源商业模式的出现，如虚拟发电厂和智能微电网等。

能源供应体系的分分合合，彰显了文明发展的不同阶段能源技术发展的特点，分布式能源的"分"也必然是阶段性，等再次出现有利于集中式供能的技术进步，世界能源供应必将再次回归"合"的方向。

9.3 有"头脑"的智慧能源

现代社会的发展对能源和资源的利用提出了更高的要求，为此人们提出了智慧能源管理技术。智慧能源管理通常是指一定区域内利用先进的物理信息技术和管理模式，整合区域内煤炭、石油、天然气、电能、热能等多种能源，实现不同能源子系统之间的统一规划、互补互助、高效协同的新型一体化能源系统。在满足系统内多元化用能需求的同时，智慧能源管理系统可以有效地提升能源利用效率，促进能源可持续发展（图9.3）。

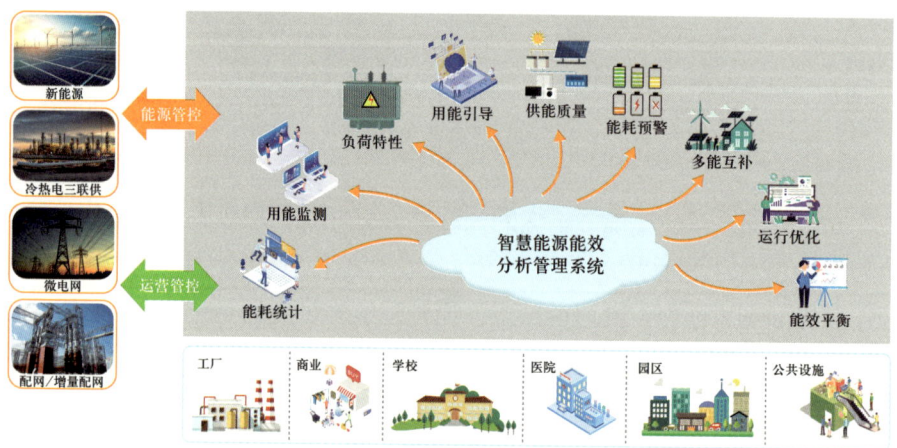

图9.3 智慧能源管理体系

智慧能源管理系统相当于能源社会的大管家，具有信息采集、控制处理、信息交互、智能决策、预测预警等职能，其典型的层次结构包括：

感知层：通过对传感器、智能仪表、采集终端进行数据采集，将电、气、热、水、冷等信息汇集到数据采集平台。

控制层：实现数据归类、整理、转换、储存、传输、加载等处理功能，以及区域能源物理控制功能。

网络层：构建满足智慧能源管控系统存量和增量业务信息量的物联网络，实现快速信息交互功能。

平台层：建立友好用户界面，实现智慧能源管控系统的优化调控、智能分析决策、能源运营管理等内容，提升整个系统的智慧运行水平。

扩展层：基于对核心用能数据的智能分析，以及通过对数据库的数据对标，为管理人员提供管理参考和依据。

随着全球能源转型的推进，人们越来越重视可再生能源的利用，智慧能源管理体系，也随之产生与发展。欧洲最早提出综合能源系统概念并付诸实施，早在1997年，欧盟第五框架（FP5）中就开始提及分布式发电等综合能源系统。美国、日本也非常注重综合能源管理相关理论技术的研发，2001年美国能源部提出了综合能源系统，日本则是亚洲最早进行综合能源管理系统研究的国家。

随着人工智能技术的进步，综合能源管理技术逐渐向智能化发展，显露出智慧能源的雏形。

智慧能源就是通过技术创新和制度变革，在能源开发利用、生产消费的全过程和各环节融入智慧要素，从而建立的拥有自组织、自检查、自平衡、自优化等功能的有"人脑"智慧的能源体系。

智慧能源的主体是能源，精髓是智慧，它不局限于智慧能源技术，还包含智慧能源制度。

智能能源是前所未有的能源形式，我们可以将它想象成一只充满灵气的小猫，当它饿了（能量缺乏）的时候会主动寻找食物（自动采集并储存能量），吃饱了（能量储存完毕）就围着主人撒娇（自主进入服务模式），它可以帮助您打开或关闭窗帘（智能调节光能输入，保持室内采光和温度调节的高效率），也可以帮您温暖冰冷的手指（针对特定需求输出能量），当您短暂休息的时候它在您面前跳跃玩耍（提供休闲节目），当您希望进入睡眠，它会用呼噜声帮您平息思绪（定制服务），它会在您入睡后再去找食物（自主总结规律、智慧分配能量消耗），还会像闹钟一样在确定的时间叫醒您（按计划提供服务）。它不挑食（光能、热能多元化应用），爱干净（清洁环保无污染），有智慧（主动判断需求并提供服务），真是人见人爱的宝贝（是充分满足未来文明要求的全新能源形式）。

智慧能源是未来能源跨界发展的大趋势，正如互联网深度渗透当前人类生活一样，未来智慧能源必将与人类生活紧密结合，成为人们日常生活不可或缺的一部分。

9.4　无限储能"银行"

2021年2月13日美国得克萨斯州遭遇百年一遇的暴雪严寒天气，导致大规模断水断电、数十人死亡。事件发生后，许多人责怪以风能为代表的可再生能源，虽然调查结果洗清了风能的部分责任，但并未降低民众对可再生能源抗风险能力的担忧。

随着碳中和进程的推进，未来能源结构将发生重大变化，可再生能源占能源消费总量的比例达到70%甚至更高，可再生能源带来的波动性，将远远超过现有电力系统的平衡能力，这对可再生能源的消纳非常不利。解决可再生能源消纳问题的根本措施在于储能，大规模储能不仅可以解决电力系统平衡力不足的问题，还能够增强可再生能源抵御重大灾害风险的能力。

那么，什么是储能呢？顾名思义，储能就是把能量存储起来，它可以指某种技术，也可以指某种装置。储能并不是一个新事物，它可以回溯到非常早的时代，比如应用广泛的抽水储能技术，早在1882年就建成了首座抽水蓄能电站。

储能技术有多种类型，可以大致分为物理储能和化学储能两大类。其中物理储能又可以细分为压缩空气储能、抽水储能、飞轮储能、重力储能、电磁储能、超导储能、弹性储能、物理热储能等，化学储能也可以分为金属储能、化合物储能、电化学储能、化学热储能、氢储能等不同的方向。无论哪一种储能，都是将待储存的能量充入储能介质当中，在用能时再将储能介质中的能量释放出来。这种能量储释的过程与银行存取钱的流程非常相似，可以说，储能体系就是能量"银行"（图9.4）。有了储能体系，特别是大规模储能体系，可再生能源的消纳就不再成为问题。人们可以将可再生能源产生的能量先充入储能体系，在用能时再从储能体系中提取所需要的能量份额。经过储能体系的调整，可再生能源的间歇性和特殊情况下能源供应的风险性，都被储能体系的可靠性与灵活性所弥补，困扰可再生能源发展的瓶颈将不复存在。

储能（自主产权）视频

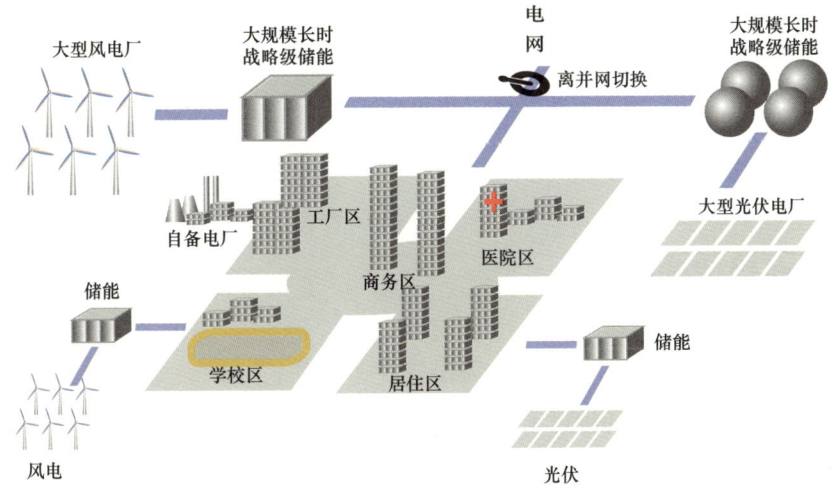

图9.4 储能体系

既然储能体系作用这么大，为什么现在还不能够完全支撑可再生能源的快速发展呢？最主要的原因在于成本。通常，将能量充入一个体系会使体系内能升高，需要消耗一部分能量才能完成充能过程。而在释放能量过程中，能量损失也不可避免。一储一释，造成的能量损失就非常可观，这是储能成本居高不下的最主要原因。造成储能成本偏高的另一个因素是工程因素，当我们希望能量的储存与释放更容易时，往往需要牺牲储能体系的比容量，这种比容量的下降会使储能体系变得又大又重，相应地就增加了投资成本；而当我们追求能量密度的高指标时，又会使储能体系的不稳定性和破坏力随之增强，为了安全，需要加装更复杂的控制与防护部件，甚至还要承担更高概率事故的风险。因此，降低储能成本难度很高。

> **小贴士**
> 比容量：根据考察的物理量不同，比容量分为两种，一种是质量比容量，即单位质量的电池或活性物质所能放出的电量；另一种是体积比容量，即单位体积的电池或活性物质所能放出的电量。

在强劲需求的推动下，储能技术取得了显著进步，预测到 2025 年磷酸铁锂储能系统成本将降至 1 元/（千瓦·时），以寿命周期分摊折旧，储电成本将达到 0.1 元/（千瓦·时），2030 年包含储能成本在内的可再生能源电力价格有望降到 0.15 元/（千瓦·时）以内，届时可再生能源电力的经济性对比化石能源将有一定优势。

"双碳"目标赋予了可再生能源产业前所未有的巨大机遇，而大规模储能技术与体系是全面推广可再生能源的最佳支撑，其前景非常乐观。

9.5 蓝色海洋能

唐宣宗李忱留有咏水名句"溪涧岂能留得住，终归大海作波涛"，道出了万水归渊的现实。海洋既是生命的摇篮，也是水的归宿，可以说海洋孕育了地球万物。

海洋吸收来自太阳的热量，使海水温度升高。在赤道附近阳光最为强烈，海洋表层水变暖最多。这些变暖的海水被海流卷送到四面八方，同时也将热量带到世界各地。在光热和暖风的作用下，海洋表面海水受热蒸发，含盐量的提升令表层海水密度增大，形成下沉驱动力，使表层温暖的海水对流沉降到较深的区域。海洋生生不息的运动为地球增添了更多活力，热带海洋的暖湿气流为陆地区域带来湿润的水汽形成多样的气候；遍布海洋的浮游植物生产出地球上至少 50% 的氧气，并将大量二氧化碳从大气转移到海洋之中；海洋渔业为全球数十亿的人口提供蛋白质供应。

潮汐、波浪、海流、温差、盐差，都蕴含着巨大的能量，这些能量在海洋运动中被磨灭，而又在风、光的作用下不断生成，是货真价实的可再生能源。海洋能源的开发受到世界各国越来越多的重视，许多沿海国家早已在尝试大规模开发海洋能源并取得了许多经验，相信不远的将来，海洋能源必将在世界能源供应中大有作为。

开发海洋能源再输送到陆地，会产生较多的损耗，同时海陆交流方面也会面临一些困难。我们不妨更大胆地设想，直接把城市建在海上，以海洋能源作为城市用能支撑。事实上，海上油气平台已经实现了一定规模的社会功能（图 9.5）。在海上进行油气开发，工程设备需要足够的空间，同时还要建立

图 9.5　海上石油平台

值守人员生活居住的条件，所以往往需要建造很大的海上平台。大型海上平台可容纳上百人起居，生活条件几乎可以与陆地上的条件相媲美，娱乐室、棋牌室、健身房、联网电脑、卫星电视、电力供应一应俱全。同时还可以配置先进的污水处理系统以及海水淡化设备，避免污水的排放，保证应急淡水供应。不足之处是蔬菜、水果和日常用水还需要补给船定期补充，而且平台灵活性较差，暂时不具备自我保护能力，遇有危险只能将人员撤离。

海上城市是大型油气平台的升级版，以海上能源为基础，人们可以在海上城市进行更多的建设，可以建造粮食与蔬菜生产基地，可以派出渔船捕捞海产品，可以建设食物加工厂，还可以建设医院与学校（图9.6）。这样，在海上城市当中，生产、生活、食物、能源、教育、医疗等各种要素都已齐备，海上城市就具备了永久居住的基础条件。我们还需要为海上城市配置生态循环的条件，增加生产与生活废弃物循环体系。所有废弃物要分门别类——能够重复使用的清洁处理后投入再利用；不能重复使用的进入循环工厂，从中提取原材料；完全无法用于生产生活的无机废弃物可以烧结成无毒无害的岩块，用于城市建设与维护；有机废弃物则可以在清除毒素之后，用于粮菜基地的肥料或海洋生物的营养品。这样，就形成了海上城市的绿色生态循环圈。城市不仅不向海洋输送有害物质，还为海洋提供适当的营养，完全融入海洋生态，成为海洋的组成部分。最后，我们还要为海上城市配置安全设施，用海洋能作为动力，使城市面对危险可以闪避和自救，在随波漂移时不要移动太远，有能力避免搁浅、触礁和超大风浪的损伤。

这样的海上城市令人联想到《列子·汤问》中海上仙山的传说：浩瀚的大海上有五座仙山——岱舆、员峤、方壶、瀛洲和蓬莱。每座山的高和周长都是三万里，山与山之间各相隔七万里。仙山顶部是一片方圆九千里的平地，上面有气象万千的亭台楼阁，草木花果飘香。每座山下有三只巨鳌轮流驮住，使仙山不会漂远。神仙住在仙山上，每天过着快乐幸福的生活。海上城市的设想与仙山的传说相比毫不逊色，而且具有很好的可行性，期待未来海上城市可以实现传说中仙山的美好。

图 9.6　海上城市图

9.6　未来"牛"公司

以往提起"油公司",通常不会造成歧义,大家都会把它理解成石油公司。然而近年来在低碳理念的冲击下,石油公司向能源公司转型已成为业界共识。未来,"油公司"会一直存在吗?未来的"油公司"还会是原来的"油公司"吗?

在 2021 年 3 月第 39 届"剑桥能源周"线上会议上,90 多个国家和地区的两万余名政府官员及能源界人士,共同探讨了节能减排、能源转型及科技创新等话题。与会专家认为,世界经济在相当长一段时期内,难以摆脱对传统化石能源的依赖,全球化石能源需求依然强劲。

可以肯定的是,未来"油公司"短期不会消亡,有太多的社会需求离不开"油公司"。首先,燃料油在相当长的时期里,难以被其他能源替代,特别是在航空领域,目前还没有任何一种替代能源能够像燃油一样,拥有足够的能量密度以支撑大型飞机的远距离航行;其次,润滑油是机械类装置不可缺少的保护者,95% 以上润滑基础油出自原油;此外,石油化工产业可以为橡胶、塑料、纤维、化肥、医药、食品等领域提供所需要的基础原料,现代社会早已完全离不开石油化工原料制造的各类生产、生活用品。所以,"油公司"在未来将会很长时期存在,为社会发展提供物质支持。但"油公司"

必定不会还是原来的"油公司"了，世界在变化，"油公司"也将会随之发生程度不一的变化。

以埃克森美孚、雪佛龙等公司为代表的北美石油公司认为在相当长时期内油气行业仍将坚挺，油气业务不但不应削弱，还要适当加强。即使油气产量达峰之后，仍会延续较长的产量平台期，油气市场规模不会快速衰减，各重要产油国剩余经济可采储量远不能满足需要，仍需加大勘探力度以探明更多的油气储量。同时，它们并不看好还不够成熟的新能源技术，对新能源产业的投入持慎重态度，更注重与新能源有关的基础研究。

欧洲石油公司主张去石油化，在削减油气产量和炼厂产能的同时，加大可再生能源的生产，向大型综合能源公司转型。2021年9月，壳牌公司宣布将其在美国最大油田二叠盆地的全部资产出售，这标志着壳牌从传统的石油天然气业务，加快向低碳资产转移。bp、道达尔能源、埃尼、艾奎诺等欧洲石油公司发展战略大同小异，方向基本相似。

欧洲与北美的石油企业所持观点，基本代表了石油企业转型问题的两个方向，还有许多石油企业的观点介于二者之间。特别是许多发展中国家对转型的态度，因各自国情不同而各不相同，由于一次能源消耗总量还在增加，石油与天然气是其社会发展的刚性需求，然后才是能源结构优化。由于对转型的看法不尽相同，国际大型石油公司根据自身的情况发展新能源的种类和策略也各有差异。大型石油公司在转型问题上有不同选择，不必苛求一致，应根据自身情况合理制订石油企业发展战略，走最适合自己的道路（图9.7）。

中国情况独具特色，一方面，中国也存在油气的刚性需求，石油行业内预测，到2035年，中国一次能源消费结构大致呈现煤炭、一次电力和可再生能源、油气"三分天下"的局面。另一方面，中国能源供应的短板在于油气需要大量进口，过高的进口依存度是中国能源安全的制约因素。故此，在相当长的时期内，保持合理的油气产能是保障中国能源安全的必要措施。

图 9.7　能源转型辩论

2020 年，中国在联合国大会上提出，二氧化碳排放力争于 2030 年前达到峰值，争取 2060 年前实现"碳中和"，体现了中国的大国担当。在这种大环境下，中国石油企业都认识到，发展新能源的重要性与迫切性，纷纷布局新能源产业，并大力加强环境保护。中国石油、中国石化、中国海油等中国石油公司，纷纷选择油气业务和新能源业务融合发展战略，既在相当长的时期内，保持合理的油气产能，又大力布局新能源业务，从减少总量和降低存量两个方向努力，减少二氧化碳、甲烷等温室气体排放，更多生产能源，更好保障国家能源安全，助力中国实现碳达峰和碳中和目标（图 9.8）。

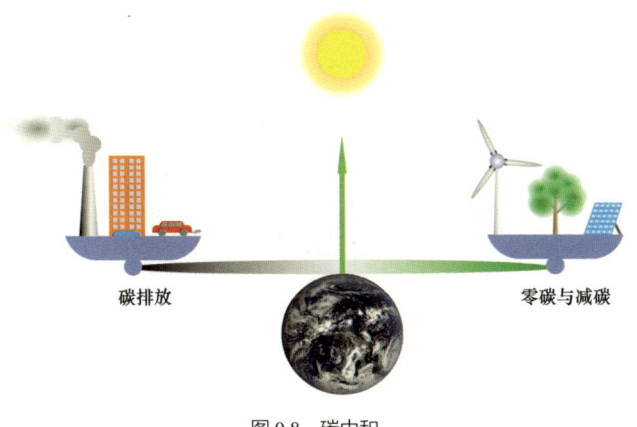

图 9.8　碳中和

中国海油早在 2006 年就在旗下成立了新能源公司。2010 年，中国石油、中国石化、中国海油、中国一汽、长安汽车等 16 家央企在京成立中央企业电动车产业联盟。2021 年 3 月，中国石化提出了"一基两翼三新"发展格局，"两翼"之一即为贡献更多的清洁能源，"三新"则包括新能源、新经济、新领域。8 月，中国石化与天津港保税区、轻程（上海）物联网科技有限公司共同组建中国石化氢能源 (天津) 有限公司，意图深耕氢燃料电池汽车、加氢站建设运营等领域，进一步促进氢能源开发应用。

2021 年 4 月中国石油首次将新能源业务与油气业务并列为重要的主营业务。提出建设基业长青世界一流综合性国际能源公司的战略目标，明确"清洁替代、战略接替、绿色转型"三步走战略路径，在 2050 年实现油气与新能源产量各占"半壁江山"的发展目标。为此，2021 年成为中国石油新能源元年，找到了一条油气与新能源融合发展的"石油新路径"。我为祖国献石油，我为绿色赋新能。

在世界气候变化和双碳目标的推动下，能源转型和传统化石能源向绿色清洁低碳化发展已是全球大势。中国的"油公司"正在迎来全新的面貌，新能源与油气两类业务并举，跨界融合发展，未来必将在现有油气业务的基础上，变得更大、更宽、更加丰富多彩，焕发更新的活力，将成为比从前的"油公司"更牛的"牛公司"（图 9.9）。

图 9.9　未来油公司

9.7 绿色地球家园

任何一个具有正常思维能力的人,都会对未来持有美好的希望,憧憬未来应该是人类的本能,与个人的身份、状态无关,但具体期待的内容与个人当时所处的环境和认识水平有关。比如在沙漠中耗尽饮水的旅者,他的愿望可能是马上找到一片绿洲或一汪清泉;劳碌一天的工人,他的愿望可能是赶快回到家里好好休息;即将毕业的学生,他的愿望可能是找到一份待遇优厚的工作等。当人们想象着种种美好的愿景时,往往无意中忽略了一个非常关键的问题,那就是:羸弱个体居多的人类,凭什么拥有那些美好的未来?这个问题可能永远也找不到一个标准的答案,但有两个字却可以概括出人类文明能够繁盛延续的真谛,这两个字就是"合作"。

进入新能源时代,合作将成为能源领域发展的主题。由于可再生能源的间歇性和低密度,人们更需要通过合作以及互联互通来解决能源供应问题(图 9.10)。可以想象,未来的能源供应将在很大程度上依赖能源共享。在能源共享模式下,地球表面遍布能源共享网络,每个网络节点都辐射出细小的分支通向用能终端,阳光照亮哪里,哪里就成为能量外输的中心,把能量源

图 9.10　全球能源互联

源不断地送到每个用户身边,而阳光掠过,重归黑暗的节点则依靠远处光明带来的能量维持社会正常运行。随着地球的自转,能量网络的节点由东向西依次明暗转换,形成整个世界的供能源泉。

在新能源时代,全球能源一体化将成为最佳选择。新能源大多存在间歇性和能量密度低的特性,这些性质导致一个地区,很难独立解决能源供应难题,人们迫切需要以互联互通的手段互相帮扶,共同应对能源供应的间歇性和低密度的问题。同时,因为新能源的分布相对均匀,各地诉求差异较小,在全球能源一体化的谈判中更容易达成一致,与传统化石能源相比,新能源全球一体化的阻碍相对较低。另外,技术的发展也更加有利于全球能源一体化。特高压长距离输电技术的发展、互联网技术及物联网技术的进步、智能化装备与能源体系深度融合等因素,都对推进全球能源一体化有所帮助。

全球能源一体化是全球一体化的重要组成部分。在传统能源时代,很难想象能源共享的概念,资源在世界各地的分布很不均衡,一旦发生战争,对能源资源的争夺将成为首要任务,而能源共享带来的互相合作与互相牵制,则有可能将战争消弭于无形之中。由于全球国家逐渐因气候变暖的危机,而达成发展可再生能源的共识,全球能源一体化的可行性与可能性获得巨大提升。可以预测,全球能源一体化将进一步促进世界政治、经济及文化的一体化,加快未来人类命运共同体的建设步伐。

新能源的广泛应用,会让以合作为基础的文明概念更加深入人心。从现在到全球实现碳中和,预计有四十年左右的时间,这期间的各种减碳努力及其背后的思想,将影响两三代人的世界观。人们会更加珍惜美好的生态环境,会更加了解自身活动对生态的影响,会更加主动地减少对环境的破坏。

在新能源时代,得益于高速物联网的普及和虚拟电厂的推广,每个人都可能成为能源供应商,每个人都可以通过能源方面的交流更好地融入世界大家庭。新能源时代的交通、建筑、工业、个人等各个方面的节能用能模式,将造就全新的新能源文明,能源将不再是掌握在少数国家或个人手里的稀缺资源,而是人人生产、人人消费的普惠资源。这种变革所形成的以"交流

图 9.11 地球村

与沟通、和谐与合作"为主线的生产生活秩序、日常生活习惯、社会行为准则,以及法律与法规,最终都会作用于人类的文明,以全新的形式在整个人类文明中占有重要地位。

新能源时代是合作的时代,亲身参加新能源体系建设的人们会对地球文明有更美好的认同。可以预见,与新能源共同发展的新文明,必然为地球带来更多的和谐,山会更绿,水会更清。以交流打破隔阂,消弭争端,实现文化差异互容,全球共同发展,共享文明成果,使地球成为绿色和谐的人类家园(图 9.11)。

参 考 文 献

程序，2009. 生物质能与节能减排及低碳经济［J］. 中国生态农业学报，17（2）：375-378.

葛维维，2008. 逐梦·跨越 中国闪耀国际热核聚变实验堆（ITER）十年之路［J］. 中国核工业（1）：45-47.

刘坚，钟财富，2019. 中国氢能发展现状与前景展望［J］. 中国能源，41（2）：32-36.

刘万琨，张志英，李银凤，2010. 风能与风力发电技术［M］. 北京：化学工业出版社.

宁平治，2003. 原子核物理基础：核子与核［M］. 北京：高等教育出版社.

邵志刚，衣宝廉，2019. 氢能与燃料电池发展现状及展望［J］. 中国科学院院刊，34（4）：469-477.

王卓辉，2021. 中国弃风弃光电量再利用的分析与对策［J］. 中外能源，26（5）：23-26.

温术来，2019. 燃料电池的研究现状及进展［J］. 现代化工，39（7）：66-70.

吴承瑞，2019. 超导型磁约束托卡马克聚变装置（EAST）长脉冲高约束模式放电的粒子再循环及杂质行为研究［D］. 合肥：中国科学技术大学.

张海龙，2014. 中国新能源发展研究［D］. 长春：吉林大学.

邹才能，等，2019. 新能源［M］. 北京：石油工业出版社.

邹才能，何东博，贾成业，等，2021. 世界能源转型内涵、路径及其对碳中和的意义［J］. 石油学报，42（2）：233-247.